普通高等教育土木类专业“十四五”系列教材

土木

土木工程实验指导

●李文霞　主编

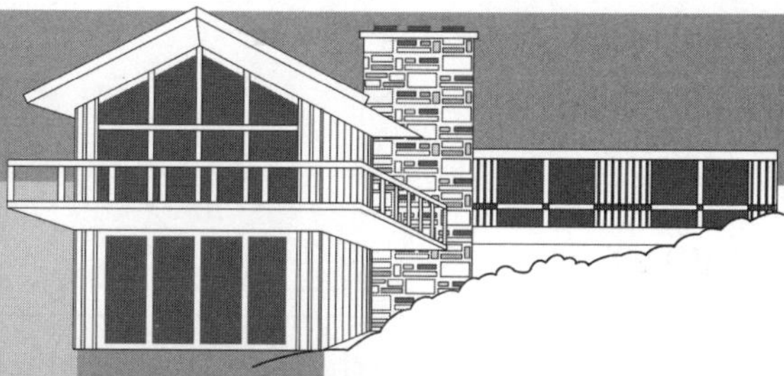

郑州大学出版社

图书在版编目(CIP)数据

土木工程实验指导 / 李文霞主编. — 郑州 : 郑州大学出版社, 2023. 8(2024.1 重印)
ISBN 978-7-5645-9876-1

Ⅰ. ①土… Ⅱ. ①李… Ⅲ. ①土木工程 - 实验 - 高等学校 - 教学参考资料 Ⅳ. ①TU-33

中国国家版本馆 CIP 数据核字(2023)第 156991 号

土木工程实验指导
TUMU GONGCHENG SHIYAN ZHIDAO

策划编辑	祁小冬	封面设计	苏永生
责任编辑	李 蕊	版式设计	凌 青
责任校对	姚国京	责任监制	李瑞卿
出版发行	郑州大学出版社	地 址	郑州市大学路 40 号(450052)
出 版 人	孙保营	网 址	http://www.zzup.cn
经 销	全国新华书店	发行电话	0371-66966070
印 刷	河南龙华印务有限公司		
开 本	787 mm×1 092 mm 1 / 16		
印 张	13	字 数	295 千字
版 次	2023 年 8 月第 1 版	印 次	2024 年 1 月第 2 次印刷
书 号	ISBN 978-7-5645-9876-1	定 价	35.00 元

编者名单

BIANZHE MINGDAN

主　审　刘立新

主　编　李文霞

副主编　孟睿君　程　前

编　委　（以姓氏笔画为序）

马玉林　刘胜杰　闫　莉

李　叶　张　凯　张　敏

张泽鹏　张继超

内容简介

NEIRONG JIANJIE

本教材为适应应用型高校土木工程及其相关专业主要课程的实验教学需要而编写,是与“建筑材料与检测”“工程测量”“材料力学”“土力学与地基基础”“工程质量检测”等课程配套的实验指导教材,内容包括建筑材料实验指导、工程测量实习指导、力学实验指导、土工实验指导、工程质量检测实践指导5章,每章附有实验教学小视频的二维码。

本教材旨在让学生掌握实验内容和实验基本方法的同时,使学生进一步了解实验参数在工程设计和施工中的应用方法,为今后学生参与实际工程项目奠定坚实的基础。

本教材可作为应用型本科高校或高职高专土建类相关专业的实验课程指导教材,也可作为土木工程领域科研人员的参考书。

前言

QIANYAN

实验教育是土木工程及其相关专业教育的重要组成部分。本教材立足应用型人才培养目标,结合社会及土建行业发展,探索土木工程及其相关专业实验课程全过程,依据最新试验规范标准编写,设置了工程质量检测实践指导章节供学生选学。教材详细介绍了每个实验项目的实验目的、实验过程等内容,旨在提高学生或工程人员实验检验水平及效率,提高应用型人才培养质量,为建设工程质量保驾护航。

本教材共分为五部分内容,并邀请一线工程项目专家进行指导,教材中配套相应的实验操作视频,视频对相应实验项目的重要知识点和易错地方均有强调和字幕备注,通过数字化资源的融入,学生可以直观清晰地掌握每一个实验项目的规范化操作过程。本教材着重学生实践能力的培养,可满足土木工程及其相关专业应用型人才培养的需要,具备以下特点:

(1)规范性。本教材实验方法、技术指标等以现行有效的相关国家、行业及地方规范、规程和标准为依据。

(2)科学性。本教材建设遵循高等教育的教学规律,内容选取、结构安排符合课程大纲的要求。

(3)实用性。本教材以土木建筑类专业所涉及的基础性、专业性实验为载体,涉及方面广,内容全。同时,配合有数字化资源,供学生课前、课中、课后学习使用。

本教材由郑州工业应用技术学院建工实验中心组织编写,李文霞担任主编,孟睿君、程前担任副主编。具体编写分工为:第 1 章由李叶、刘胜杰编写,第 2 章由马玉林编写,第 3 章由张继超编写,第 4 章由张敏、张凯编写,第 5 章由张泽鹏编写,全书配套实验操作视频由河南省诚建检验检测技术股份有限公司程前、闫莉指导录制,全书由李文霞、孟睿君统稿,由刘立新主审。

本教材在编写过程中,参考了其他有关教材与规范,吸收了许多专家同仁的观点和方法,但为了行文方便,不便一一注明。书后所附参考文献是本书重点参考的论著。在此,特向在本教材中引用和参考的已注明和未注明的教材、专著、文章的编者和作者表示诚挚的谢意。教材建设是一项浩大而复杂的千秋工程,为培养土建行业应用型人才贡献力量是我们的夙愿。在教材建设中还有许多课题需要探索,本教材难免存在差错和不足,恳请使用本书的师生、工程技术人员、读者批评指正,以便我们后续修改和完善。

编者

2023 年 5 月

目录

MULU

第1章 建筑材料实验指导

一、密度实验

(一)实验目的

材料的密度是指材料在绝对密实状态下单位体积的质量，主要用来计算孔隙率和密实度，而材料的吸水率、强度、抗冻性及耐蚀性都与孔隙的大小及孔隙特征有关，如砖、石材、水泥等材料，其密度都是一项重要指标。通过实验教学，培养学生的动手操作能力，引导学生要实事求是，认真做事。

(二)实验仪器设备

1.李氏比重瓶(图1-1);

2.天平(称量为1 kg,感量为0.01 g,图1-2);

3.烧杯、小勺、漏斗等。

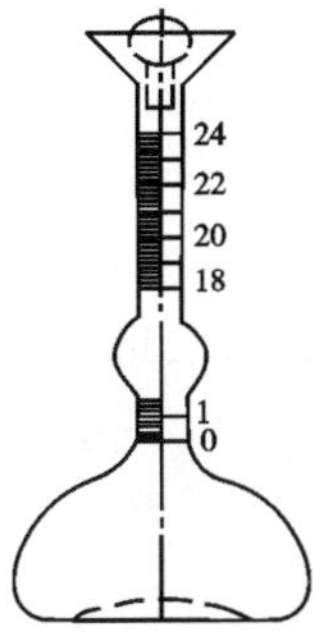

图1-1 李氏比重瓶(单位:mm)

图1-2 电子天平(精度0.01 g)

(三)实验方法及步骤

1.试样制备:将试样研碎，通过900孔/cm^2的筛，除去筛余物，放在105～110 ℃烘箱中烘至恒重，放入干燥器中备用。

2.在比重瓶中注入水至突颈下部刻线零以上少许，记下初始读数V_0。

3.用天平称取60～90 g试样，用小勺和漏斗将试样徐徐送入比重瓶中，直至液面上升至20 mL刻度左右。

4.排出比重瓶中气泡，记下液面刻度V_1，称取剩余的试样质量，算出装入比重瓶内的

试样质量 m(g)。

5. 计算：

按式(1-1)计算材料的密度 ρ（精确至0.01 g/cm³）：

$$\rho = \frac{m}{V} \tag{1-1}$$

式中：ρ——材料的密度(g/cm³)；

m——装入瓶中试样的质量(g)；

V——装入瓶中试样的体积(cm³)，$V=V_1-V_0$。

(四)实验数据记录与处理

将实验结果填入表1-1中。

表1-1 密度实验测定记录表

实验次数	装入瓶内试样质量/g			试样体积/cm³			密度/(g/cm³)	
	初始质量	剩余质量	比重瓶中试样质量	瓶中液面初始读数 V_0	加试样后液面读数 V_1	试样体积 V_1-V_0	实验值	平均值
1								
2								

实验日期： 测试： 记录： 计算：

(五)注意事项

1. 密度计算精确至0.01 g/cm³；

2. 按规定实验应做两次，两次结果相差不应大于0.02 g/cm³，取两次实验的平均值作为测定值。

密度实验

(六)拓展与思考

材料的密度概念中的绝对密实状态是指什么状态？

二、表观密度实验

(一)实验目的

表观密度是指材料在自然状态下单位体积的质量，也即包括材料内部孔隙在内的单位体积的质量。利用表观密度可以估计材料的强度、吸水性及保温性，也可用来计算材料的体积和结构物的质量。引导学生在学习和工作过程中要对身边的人和事有全面认识和了解，有时候外表不能代表事物的真实情况。

(二)实验仪器设备

1. 游标卡尺(精度为 0.1 mm,图 1-3);
2. 天平(感量为 0.1 g);
3. 烘箱、干燥器、漏斗、直尺及搪瓷盘等。

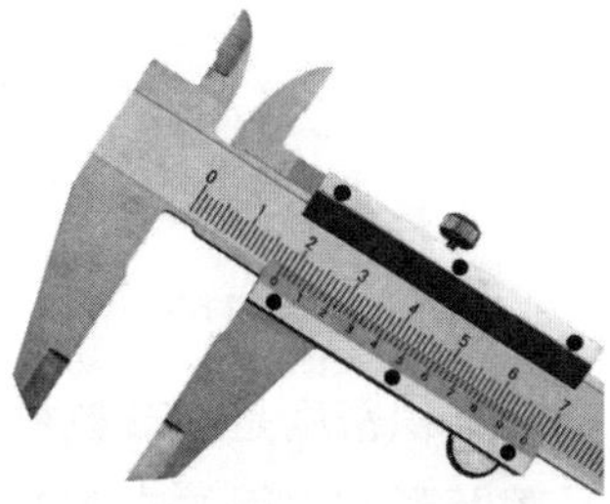

图 1-3　游标卡尺(精度为 0.1 mm)

(三)实验方法及步骤

1. 对几何形状规则的材料。将欲测材料的试件放入 105～110 ℃烘箱中烘至恒重,取出置入干燥器中冷却至室温。
2. 用卡尺测量试件尺寸(每边测量三次取平均值),并计算出体积 V_0(cm^3)。
3. 称取试样质量 m(g)。
4. 则表观密度的计算公式为(精确至 0.01 g/cm^3):

$$\rho_0 = \frac{m}{V_0} \tag{1-2}$$

式中:ρ_0——材料的表观密度(g/cm^3);
　　m——试样质量(g);
　　V_0——试样体积(cm^3)。

(四)实验数据记录及处理

将实验结果填入表 1-2 中。

表 1-2　表观密度实验测定记录表

试件编号	试件质量 m/g	试件尺寸/cm			试件体积 V_0/cm^3	表观密度 ρ_0/(g/cm^3)	
		长	宽	高		实验值	平均值
1							
2							
3							

实验日期:　　　　测试:　　　　记录:　　　　计算:

(五)注意事项

试样表观密度取三块试样的算术平均值作为评定结果。

(六)拓展与思考

材料的表观密度与材料的密度有什么区别?

三、堆积密度实验

（一）实验目的

堆积密度是指散粒材料（如水泥、砂、卵石及碎石等）在堆积状态下（包含颗粒内部的孔隙及颗粒之间的空隙）单位体积的质量。它可以用来估算散粒材料的堆积体积及质量，考虑运输工具，估计材料级配情况等。

（二）实验仪器设备

1. 标准容器；
2. 天平（感量为 0.1 g）；
3. 烘箱、干燥器、漏斗及钢尺等。

（三）实验方法及步骤

1. 将试样放在 105～110 ℃ 的烘箱中，烘至恒重，再放入干燥器中冷却至室温。

2. 松堆积密度的测定。称标准容器的质量（m_1），将散粒材料（试样）经过标准漏斗（或标准斜面），徐徐地装入容器内，漏斗口（或斜面底）距容器口 5 cm，待容器顶上形成锥形，将多余的材料用钢尺沿容器口中心向两个相反方向刮平，称容器和材料总质量（m_2）。

3. 紧堆积密度的测定。称标准容积筒的质量（m_1）。取另一份试样，分两层装入标准容积筒内。装完一层后，在筒底垫放一根直径 10 mm 钢筋，将筒按住，左右交替颠击地面各 25 下，再装第二层，把垫着的钢筋水平转 90°同法颠击。加料至试样超出筒口，用钢尺沿筒口中心线向两个相反方向刮平，称其总质量（m_2）。

（四）实验数据分析与处理

按下式计算材料的堆积密度 ρ_0'（精确至 10 kg/m^3）：

$$\rho_0' = \frac{m_2 - m_1}{V_0'} \tag{1-3}$$

式中：ρ_0'——材料的堆积密度（kg/m^3）；

m_1——标准容器的质量（kg）；

m_2——标准容器和试样的总质量（kg）；

V_0'——标准容器的容积（m^3）。

（五）注意事项

以两次实验结果的算术平均值作为测定值。

（六）拓展与思考

材料的堆积密度与表观密度及材料的密度三者之间有什么区别？

四、吸水率实验

（一）实验目的

材料吸水饱和时的吸水量与材料干燥时的质量或体积之比，称为吸水率。

材料的吸水率通常小于孔隙率，因为水不能进入封闭的孔隙中。材料吸水率的大小对其堆积密度、强度及抗冻性的影响很大。

（二）实验仪器设备

1. 天平（称量为 1 kg，感量为 0.1 g）；

2. 水槽及烘箱等。

（三）实验方法及步骤

1. 将试件置于烘箱中，以不超过 110 ℃ 的温度烘至恒重，称其质量 m(g)。

2. 将试件放入水槽中，试件之间应留 1 ~ 2 cm 的间隔，试件底部应用玻璃棒垫起避免与槽底直接接触。

3. 将水注入水槽中，使水面至试件高度的 1/4 处，2 h 后加水至试件高度的 1/2 处，隔 2 h 再加入水至试件高度的 3/4 处，又隔 2 h 加水至高出试件 1 ~ 2 cm，再经 1 d 后取出试件。这样逐次加水能使试件孔隙中的空气逐渐逸出。

4. 取出试件后，用拧干的湿毛巾轻轻抹去试件表面的水分（不得来回擦拭），称其质量，称量后仍放回槽中浸水。

以后每隔 1 昼夜用同样方法称取试样质量，直至试件浸水至恒定质量为止（1 d 质量相差不超过 0.05 g 时），此时称得的试件质量为 m_1(g)。

（四）实验数据分析与处理

按下式计算材料的质量吸水率 W_m 及体积吸水率 W_V：

$$W_m = \frac{m_1 - m}{m} \times 100\% \tag{1-4}$$

$$W_V = \frac{V_w}{V_0} \times 100\% = \frac{m_1 - m}{V_0} \times \frac{1}{\rho_{H_2O}} \times 100\% = W_m\rho_0 \tag{1-5}$$

式中：V_w ——材料吸水饱和时水的体积（cm^3）；

V_0 ——干燥材料在自然状态下的体积（cm^3）；

ρ_{H_2O} ——水的密度，常温时 $\rho_{H_2O} = 1\ g/cm^3$；

ρ_0 ——材料的表观密度（g/cm^3）。

（五）注意事项

材料的吸水率实验用 3 个试样进行，以 3 个试样吸水率的算术平均值作为测定值。

（六）拓展与思考

材料的吸水率对材料的哪些性质产生影响？

五、砂的筛分实验

(一)实验目的

测定混凝土用砂的颗粒级配,计算细度模数,评定砂的粗细程度。

(二)实验仪器设备

1. 标准筛:孔径为9.5 mm、4.75 mm、2.36 mm、1.18 m、0.6 mm、0.3 mm、0.15 mm方孔筛及筛底、盖各一个(图1-4);

2. 天平(称量为1 kg,感量为1 g);

3. 烘箱、摇筛机、大小搪瓷盘及毛刷等。

图1-4　标准筛

(三)实验方法及步骤

砂的筛分析实验

实验前,砂样应通过9.5 mm筛,并在(105±5) ℃的温度下烘干至恒重,冷却至室温后使用(如砂样含泥量超过5%则应先用水洗)。

1. 准确称取试样500 g,置于按筛孔大小顺序排列的套筛的最上一只筛(4.75 mm)上,将套筛装入摇筛机,摇筛10 min,然后取出套筛,按筛孔大小顺序,再逐个进行手筛,直至每分钟的筛出量不超过试样总量的0.1%时为止。通过的颗粒并入下一号筛,顺序过筛,直到筛完为止。

2. 试样的各号筛上的筛余量均不得超过按下式计算的量:

质量仲裁时:

$$m_r = \frac{A\sqrt{d}}{300} \tag{1-6}$$

生产控制检验时:

$$m_r = \frac{A\sqrt{d}}{200} \tag{1-7}$$

式中：m_r——筛余量(g)；

d——筛孔尺寸(mm)；

A——筛面积(mm^2)。

否则应将该筛余试样分成两份，再次进行筛分，并以其两份筛余量之和作为该号筛的筛余量。

3. 分别称量各筛筛余试样，精确至 1 g，所有各筛的分计筛余量和最后一个筛的通过量的总和与筛分前试样总量相比，相差不得超过试样总量的 1%。

(四)实验结果

1. 计算分计筛余百分率。各号筛上的筛余量除以试样总量的百分率，精确至 0.1%。

2. 计算累计筛余百分率。该号筛上的分计筛余百分率与大于该号的各筛分计筛余百分率之总和，精确至 0.1%。

3. 根据各筛的累计筛余百分率，评定该试样的颗粒级配。

4. 按下式计算细度模数 M_X(精确至 0.1%)。

$$M_X = \frac{A_2 + A_3 + A_4 + A_5 + A_6 - 5A_1}{100 - A_1} \tag{1-8}$$

式中：A_1、A_2、A_3、A_4、A_5、A_6—— 4.75 mm、2.36 mm、1.18 mm、0.6 mm、0.3 mm、0.15 mm 方孔筛上的累计筛余百分率。

按细度模数确定砂的粗细程度。

(五)注意事项

筛分实验应采用两个试样进行，取两次算术平均值作为测定结果。两次所得细度模数之差大于 0.2 时，应重新进行实验。

(六)拓展与思考

怎么根据细度模数来确定砂的粗细程度?

六、砂的表观密度实验

(一)实验目的

测定砂的表观密度，即砂颗粒本身单位体积(包括内部封闭孔隙)的质量，作为评定砂的质量和混凝土配合比设计的依据。

(二)实验仪器设备

1. 托盘天平(称量为 1 kg，感量为 1 g)；

2. 容量瓶(500 mL)；

3. 烘箱、干燥器、漏斗、滴管、搪瓷盘、铝制粒勺及温度计等。

(三)实验方法及步骤

实验前，将 660 g 试样在(105±5) ℃的温度下烘干至恒重，在干燥器内冷却至室温后分为大致相等的两份备用。

1. 称取烘干试样 300 g(m_1),精确至 1 g,通过漏斗,装入盛有半瓶冷开水的容量瓶中,塞紧瓶塞。

2. 静置 24 h 后,摇动容量瓶,使试样在水中充分搅动以排除气泡;然后用滴管添水,使水面与瓶颈刻度线平齐,加上瓶塞,擦干瓶外水分,称量 m_2(g),精确至 1 g。

3. 倒出瓶中的水和试样,内外清洗干净,再注入与上项水温相差不超过 1 ℃ 的饮用水至与瓶颈刻度线平齐,塞紧瓶塞,擦干瓶外水分,称量 m_3(g),精确至 1 g。

(四)实验数据分析与处理

按下式计算试样的表观密度:

$$\rho_0 = \frac{m_1}{m_1 + m_3 - m_2} \times \rho_{H_2O} \tag{1-9}$$

式中:ρ_0 ——表观密度(kg/m^3);

m_1——干砂质量(kg);

m_2——试样、水和容量瓶的质量(kg);

m_3——水和容量瓶的质量(kg)。

(五)注意事项

1. 以两次实验结果的算术平均值作为测定结果,精确至 10 kg/m^3;

2. 如两次实验结果的误差大于 20 kg/m^{3}时,应重新取样进行实验。

(六)拓展与思考

测定砂的表观密度有什么作用?

七、砂的堆积密度实验

(一)实验目的

测定砂的松堆积密度、紧堆积密度和空隙率,作为混凝土配合比设计的依据。

(二)实验仪器设备

1. 台秤(称量为 5 kg,感量为 5 g);

2. 容量筒(1 L);

3. 漏斗、垫棒(直径 10 mm、长 500 mm 的圆钢);

4. 直尺、料勺及搪瓷盘等。

(三)实验方法及步骤

实验前将试样在(105±5) ℃温度下烘干至恒重,冷却至室温后使用。

1. 松堆积密度:称容量筒质量 m_1,将烘干试样装入漏斗,开放漏斗管下的活门,试样徐徐流入容量筒,当容量筒试样上部呈锥状,且容量筒四周溢满时,即停止加料。用直尺在容量筒中心向两个相反方向将试样刮平，称量筒和试样总质量 m_2。

2. 紧堆积密度：试样分两层装入容量筒，先装一层，筒底垫放一根直径 10 mm 的钢筋，将筒按住，左右各摇振 25 次。再装第二层，钢筋在筒底水平方向转 90°，用同样方法摇振 25 次，将试样加满筒，用与松堆积密度相同的方法刮平，然后称质量 m_2。

（四）实验数据分析与处理

1. 计算松堆积密度（或紧堆积密度）ρ_0'：

$$\rho_0' = \frac{m_2 - m_1}{V'_0} \tag{1-10}$$

式中：ρ_0'——砂的松堆积密度或紧堆积密度（kg/L）；

m_1——容量筒的质量（kg）；

m_2——容量筒和砂的总质量（kg）；

V'_0——容量筒的容积（L）。

2. 计算砂的空隙率：

$$P' = 1 - \frac{\rho_0'}{\rho_0} \tag{1-11}$$

式中：P'——砂的空隙率（%）；

ρ_0'——砂在干燥状态下的堆积密度（kg/L）；

ρ_0——砂的表观密度（kg/m^3）。

（五）注意事项

计算松堆积密度（或紧堆积密度）ρ_0' 时，应以两次实验结果的算术平均值作为测定值，精确至 10 kg/m^3。

（六）拓展与思考

容量筒法测砂的堆积密度的原理是什么？

八、石子的筛分实验

（一）实验目的

测定碎石或卵石的颗粒级配及粒级规格，对于节约水泥和提高混凝土强度是有利的，为混凝土配合比设计提供依据。引导学生要多方面考虑问题，综合分析，培养学生节约资源的意识。

（二）实验仪器设备

1. 实验筛：孔径为 90 mm、75 mm、63 mm、53 mm、37.5 mm、31.5 mm、26.5 mm、19 mm、16 mm、9.5 mm、4.75 mm 及 2.36 mm 的方孔筛及筛底、盖各一个；

2. 台秤（称量为 10 kg，感量为 1 g）；

3. 烘箱、摇筛机及搪瓷盘等。

(三)实验方法及步骤

1. 根据试样最大粒径按表1-3规定数量称取烘干或风干试样备用。

表1-3 石子筛分实验所需试样的最小质量

最大粒径/mm	9.5	16	19	26.5	31.5	37.5	63	75
最少试样质量/kg	1.9	3.2	3.8	5.0	6.3	7.5	12.6	16

2. 将试样倒入按孔径大小从上到下组合的套筛(附筛底)上,然后进行筛分。

3. 将套筛装入摇筛机,摇筛10 min,然后取出套筛,按筛孔大小顺序,再逐个进行手筛,直至每分钟的筛出量不超过试样总量的0.1%时为止。通过的颗粒并入下一号筛顺序过筛,直到筛完为止。

4. 称出各号筛的筛余量,精确至1 g。

(四)实验结果

1. 计算分计筛余百分率。各号筛上的筛余量除以试样总质量的百分率,精确至0.1%。

2. 计算累计筛余百分率。该号筛上的分计筛余百分率与大于该号的各号筛分计筛余百分率之总和,精确到1%。

3. 根据各筛的累计筛余百分率,评定试样的颗粒级配。

(五)注意事项

粗骨料的各号筛上的累计筛余百分率应满足国家规范规定的粗骨料颗粒级配范围要求。

(六)拓展与思考

怎么根据各筛的累计筛余百分率,评定试样的颗粒级配?

九、石子的堆积密度实验

(一)实验目的

测定石子的松堆积密度、紧堆积密度和空隙率,作为混凝土配合比设计和一般使用的依据。

(二)实验仪器设备

1. 磅秤(称量为50 kg、100 kg,感量为50 g各1台);

2. 容量筒、垫棒(直径为16 mm、长为600 mm的圆钢);

3. 直尺、小铲及烘箱等。

(三)实验方法及步骤

实验用烘干或风干试样。容量筒容积按石子最大粒径选用,见表 1-4。

表 1-4　容量筒的规格要求

最大粒径/mm	容量筒容积/L	容量筒规格		
		内径/mm	净高/mm	壁厚/mm
9.5,16.0,19.0,26.5	10	208	294	2
31.5,37.5	20	294	294	3
53.0,63.0,75.0	30	360	294	4

1. 松堆积密度:称容量筒质量 m_1,用小铲将试样从筒口上方 5 cm 高处自由落入容量筒内,当容量筒试样上部呈锥状,且容量筒四周溢满时,即停止加料。除去凸出筒口表面的颗粒,并以合适的颗粒填入凹陷空隙,使表面稍凸起部分与凹陷部分的体积大致相等,称取试样和容量筒总质量 m_2。

2. 紧堆积密度:试样分三层装入容量筒,筒底垫放一根直径 16 mm 的钢筋,每装一层,按住筒身,左右交替摇振 25 次,振第二层时,筒底钢筋在筒底水平方向转 90°,振第三层后,加料至高出筒口,用钢筋沿口边缘滚转,刮下凸出筒口的颗粒,用合适的颗粒填平,称取试样和容量筒的总质量 m_2。

(四)实验数据分析与处理

1. 计算松堆积密度(或紧堆积密度) ρ_0'

$$\rho_0' = \frac{m_2 - m_1}{V_0'} \tag{1-12}$$

式中:m_1——容量筒质量(kg);

m_2——容量筒和试样总质量(kg);

V_0'——容量筒容积(L)。

2. 计算空隙率 P'

$$P' = 1 - \frac{\rho_0'}{\rho_0} \tag{1-13}$$

式中:ρ_0'——石子的堆积密度(kg/m^3);

ρ_0——石子的表观密度(kg/m^3)。

(五)注意事项

计算松堆积密度(或紧堆积密度) ρ_0' 时,以两次实验结果的算术平均值为测定值,精确至 10 kg/m^3。

(六)拓展与思考

石子的堆积密度实验与砂的堆积密度实验在容量筒的要求上有什么区别?

十、水泥细度测定

(一)实验目的

检验水泥的粗细程度,以作为评定水泥质量的依据之一。

(二)实验方法

本实验采用负压筛析法。

(三)实验仪器设备

1. 负压筛。采用边长为0.080 mm或0.045 mm的方孔铜丝筛网制成,并附有透明的筛盖,筛盖与筛口应有良好的密封性。

2. 负压筛析仪。由筛座、负压源及收尘器组成。负压筛析仪如图1–5所示。

3. 软毛刷等。

图1–5　负压筛析仪

(四)实验步骤

1. 筛析实验前,应把负压筛放在筛座上,盖上筛盖,接通电源,检查控制系统调节负压至4000～6000 Pa范围内。

2. 实验时,0.08 mm筛析实验称取水泥试样质量W为25 g,0.045 mm筛析实验称取水泥试样10 g,置于洁净的负压筛中,盖上筛盖,放在筛座上,开动筛析仪连续筛析2 min;在此期间如有试样附着在筛盖上,可轻轻地敲击,使试样落下。筛毕,用天平称量筛余物。

3. 当工作负压小于4000 Pa时,应清理吸尘器内水泥,使负压恢复正常。

(五)实验数据分析与处理

水泥试样筛余百分数按式(1–14)计算(精确至0.1%):

$$F = \frac{R_t}{W} \times 100\% \tag{1-14}$$

式中：F——水泥试样的筛余百分数（%）；

R_t——水泥筛余物的质量（g）；

W——水泥试样质量（g）。

（六）注意事项

1. 合格评定时，每个样品应称取两个试样分别筛析，取筛余平均值作为筛析结果。若两次筛余结果绝对误差大于 0.5% 时（筛余值大于 5.0% 时，可放至 1.0%）应再做一次实验，取两次相近结果的算术平均值作为最终结果。

2. 负压筛析法与水筛法或手工筛析法测定的结果发生争议时，以负压筛析法为准。

（七）拓展与思考

1. 水泥细度对凝结时间、强度和水化热产生什么影响？

2. 负压筛析法检测水泥细度有什么优缺点？

（八）实验记录

将实验结果填入表 1-5 中。

水泥细度测定

表 1-5　水泥细度实验记录表

试样编号	试样质量 W/g	筛余物质量 R_t/g	筛余百分数 F/g	平均值
1				
2				

实验日期：　　　　测试：　　　　记录：　　　　计算：

十一、水泥标准稠度用水量测定

（一）实验目的

通过实验测定水泥净浆达到标准稠度的用水量，作为水泥凝结时间、安定性实验的用水量标准。本实验需多次重复实验，在实验过程中培养严谨认真的工作态度和恪尽职守的敬业精神。

（二）实验原理

水泥标准稠度净浆对标准试杆（或试锥）的沉入具有一定阻力。通过实验不同含水量水泥净浆的穿透性，以确定水泥标准稠度净浆中所需加入的水量。

（三）实验方法

本实验采用调整水量法。

（四）实验仪器设备

1. 水泥净浆搅拌机。由搅拌锅、搅拌叶片、传动机构和控制系统组成。搅拌叶片在搅拌锅内作与旋转方向相反的公转和自转，并可在竖直方向调节。搅拌机可以升降，控制系统具有按程序自动控制与手动控制两种功能。水泥净浆搅拌机如图 1-6 所示。

2. 标准法维卡仪。标准稠度测定用试杆有效长度为（50±1）mm，由直径为（10±0.05）mm的圆柱形耐腐蚀金属制成。滑动部分的总质量为（300±1）g。与试杆连接的滑动杆表面应光滑，能靠重力自由下落，不得有紧涩和摇动现象。标准法维卡仪如图 1-7 所示。

图 1-6　水泥净浆搅拌机

图 1-7　标准法维卡仪

3. 天平、量筒、插刀等。

（五）实验步骤

1. 实验前必须检查维卡仪的金属棒能否自由滑动，试锥降至模顶面位置时，指针应对准标尺零点，搅拌机应运转正常。

2. 用水泥净浆搅拌机拌和，搅拌锅和搅拌叶片先用湿布擦抹，将拌合水倒入搅拌锅内，在 5～10 s 内将称好的 500 g 水泥加入水中，防止水和水泥溅出；拌和时，先将锅放到搅拌机的锅座上，升至搅拌位置，启动搅拌机低速搅拌 120 s，停拌 15 s，同时将叶片和锅壁上的水泥浆刮入锅中间，快速搅拌 120 s 后停机。

3. 拌和结束后，立即取适量水泥净浆一次性将其装入已置于玻璃底板上的试模中，浆体超过试模上端，用宽约 25 mm 的直边刀轻轻拍打超出试模部分的浆体 5 次以排出浆体中的孔隙，然后在试模上表面约 1/3 处，略倾斜于试模分别向外轻轻锯掉多余净浆，再从试模边沿轻抹顶部一次，使净浆表面光滑。在锯掉多余净浆和抹平的操作过程中，注意不要压实净浆。抹平后迅速将试模和底板移到维卡仪上，并将其中心定在试杆下，降低试杆直至与水泥净浆表面接触，拧紧螺钉 1～2 s 后，突然放松，使试杆垂直自由地沉入水泥净浆中。

4. 在试杆停止沉入或释放试杆 30 s 时记录试杆距底板之间的距离，升起试杆后，立即擦净，整个操作应在搅拌后 1.5 min 内完成。以试杆沉入净浆并距底板(6±1)mm 的水泥净浆为标准稠度净浆。其拌和水量为该水泥的标准稠度用水量，以水泥质量百分比计。

(六)实验数据分析与处理

用调整水量法测定时，水泥的标准稠度用水量 P 以水泥质量的百分数计。按式(1-15)计算：

$$P = \frac{m_1}{m_2} \times 100\% \tag{1-15}$$

式中：m_1——水泥净浆达到标准稠度时的拌和用水量；

m_2——水泥试样质量。

(七)注意事项

1. 整个操作过程应在搅拌后 1.5 min 内完成。

2. 用湿抹布润湿水泥浆接触的仪器及用具表面。

(八)拓展与思考

1. 水泥标准稠度用水量测定还有哪些方法？

2. 影响水泥标准稠度用水量的因素有哪些？

(九)实验记录

将实验结果填入表 1-6 中。

水泥标准稠度用水量实验

表 1-6　水泥标准稠度用水量测定记录表

测定次数	水泥/g	用水量/mL	指针读数/mm	水泥用水量/%
1				
2				
3				
4				

实验日期：　　　　测试：　　　　记录：　　　　计算：

十二、水泥净浆凝结时间测定

(一)实验目的

测定水泥加水后至开始凝结(初凝)以及凝结终了(终凝)所用的时间，用以评定水泥性质。水泥凝结时间是评定水泥质量的重要指标，通过此实验培养学生在工作中严守材料质量的“底线思维”。

(二)实验仪器设备

1. 水泥净浆搅拌机:如图 1-6 所示;

2. 凝结时间测定仪:如图 1-8 所示;

3. 湿气养护箱:温度(20±1) ℃,湿度不低于 90%。湿气养护箱如图 1-9 所示。

图 1-8　凝结时间测定仪

图 1-9　湿气养护箱

4. 试模、天平、量筒、插刀等。

(三)实验步骤

1. 测定前准备工作。调整凝结时间测定仪的试针接触玻璃板时,指针对准零点。

2. 试件的制备。以标准稠度用水量制成标准度水泥净浆一次装满试模,振动数次后刮平,立即放入标准养护箱内。记录加水时间为凝结时间的起始时间。

3. 初凝时间的测定。试件在标准养护箱中养护至加水后 30 min 时进行第一次测定。测定时,从养护箱中取出试模放到试针下,降低试针与水泥净浆表面接触,拧紧螺钉 1 ~ 2 s后,突然放松,试针垂直自由地沉入水泥净浆,观察试针停止沉入或释放试杆 30 s 时指针的读数。当试针沉至距底板(4±1)mm 时,为水泥达到初凝状态;由水泥加水至初凝状态的时间为水泥的初凝时间,单位是 min。

4. 终凝时间的测定。为了准确观测试针沉入的状况,在终凝针上安装了一个环形附件。在完成初凝时间测定后,立即将试模连同浆体以平移的方式从玻璃板取下,翻转 180°,直径大端向上,小端向下放在玻璃板上,再放入标准养护箱中继续养护临近终凝时间时,每隔 15 min(或更短时间)测定一次,当试针沉入试体 0.5 mm 时,即环形附件开始不能在试体上留下痕迹时,为水泥达到终凝状态;由水泥加水至终凝状态的时间为水泥的终凝时间,单位是 min。

(四)实验数据分析与处理

1. 初凝时间

记录水泥全部加入水中至初凝状态的时间,为水泥的初凝时间,单位用 min。

2. 终凝时间

记录水泥全部加入水中至终凝状态的时间，为水泥的终凝时间，单位用 min。

（五）注意事项

1. 在最初测定的操作时应轻轻扶持金属杆，使其徐徐下降，以防试针撞弯，但结果以自由下降为准。

2. 在整个测试过程中试针沉入的位置至少要距试模内壁 10 mm。

3. 临近初凝时，每隔 5 min 测定一次，到达初凝时应立即重复测一次，当两次结论相同时才能确定到达初凝状态。

4. 到达终凝时，需要在试体另外两个不同点测试，结论相同时才能确定到达终凝状态。

5. 每次测定不能让试针落入原针孔，每次测试完毕须将试针擦净并将试模放回标准养护箱内，整个测试过程要防止试模受振。

（六）拓展与思考

1. 初凝及终凝的工程意义是什么？

2. 影响水泥凝结时间的因素有哪些？

（七）实验记录

将实验结果填入表 1-7 中。

表 1-7　水泥净浆凝结时间记录表

序号	测定时间		试针距底板距离（mm）/试体上是否留有环痕	序号	测定时间		试针距底板距离（mm）/试体上是否留有环痕
	h	min			h	min	
1				6			
2				7			
3				8			
4				9			
5				10			
初凝时间/min				终凝时间/min			

实验日期：　　　　测试：　　　　记录：　　　　计算：

十三、水泥安定性实验

（一）实验目的

检验水泥硬化后体积变化的均匀性，是否因体积变化而引起膨胀、裂缝和翘曲，评定水泥的质量。通过此实验培养学生在工作中严守材料质量的“底线思维”。

（二）实验原理

测定水泥净浆在雷氏夹中煮沸后的膨胀值，以检验水泥安定性是否合格。

（三）实验方法

本实验采用雷氏法。

（四）实验仪器设备

1. 水泥净浆搅拌机。由搅拌锅、搅拌叶片、传动机构和控制系统组成。搅拌叶片在搅拌锅内做与旋转方向相反的公转和自转，并可在竖直方向调节，搅拌机可以升降，控制系统具有按程序自动控制与手动控制两种功能。水泥净浆搅拌机如前文图 1-6 所示。

2. 雷氏夹测定仪。标尺最小刻度 0.5 mm。雷氏夹测定仪如图 1-10 所示。

3. 沸煮箱。有效容积约为 410 mm×240 mm×310 mm，箅板的结构应不影响实验结果，箅板与加热器之间的距离应大于 50 mm。箱的内层由不易生锈的金属材料制成，能在(30±5) min 内，将箱内的实验用水由室温升至沸腾状态并保持 3 h 以上，整个实验过程中不需补充水量。沸煮箱如图 1-11 所示。

3. 湿气养护箱、电子天平、量筒、直边刀等。湿气养护箱见前文图 1-9。

图 1-10　雷氏夹测定仪

图 1-11　沸煮箱

（五）实验步骤

1. 准备工作

每组试样需成型 2 个试件，每个雷氏夹需配备 2 个边长或直径约 80 mm、厚度 4 ~ 5 mm 的玻璃板，凡与水泥净浆接触的玻璃板和雷氏夹内表面，都要稍稍涂上一层油。

2. 试件成型

将预先准备好的雷氏夹放在已擦油的玻璃板上，并立即将已制好的水泥标准稠度净浆一次装满雷氏夹，装浆时一只手轻轻扶持雷氏夹，另一只手用宽约 25 mm 的直边刀在浆体表面轻轻插捣 3 次，然后抹平，盖上已涂油的玻璃板，接着立即将试件移至湿气养护箱内,养护(24±2)h。

3. 沸煮

调整好沸煮箱内的水位,能保证在整个沸煮过程中都超过试件,不需中途添补实验用水,同时又能保证在(30±5)min 内升温至沸腾。脱去玻璃板取下试件,先测量雷氏夹指针尖端间的距离 A,精确至 0.5 mm,然后将试件放在沸煮箱水中的试件架上,指针朝上,然后在(30±5)min 内加热至沸腾并恒沸(180±5)min。

(六)实验数据分析与处理

沸煮结束后,立即放掉沸煮箱中的热水,打开箱盖,待箱体冷却至室温,取出试件进行判别。测量雷氏夹指针尖端间的距离 C,精确至 0.5 mm。当 2 个试件煮后增加距离($C-A$)的平均值不大于 5.0 mm 时,即认为该水泥安定性实验合格。当 2 个试件煮后增加距离($C-A$)的平均值大于 5.0 mm 时,应用同一样品立即重做 1 次实验。以复检结果为准。

(七)注意事项

1. 1 个样品的检测时,所选的 2 只雷氏夹弹性值要接近,误差最好不超过 2 mm,同时雷氏夹其余尺寸也要符合标准。

2. 要尽量选择质量接近的 2 块配重玻璃做 1 个样品的检测,误差最好不超过 1.5 g。

3. 水泥净浆应尽量充满雷氏夹,减少空洞,避免两试件差值过大。

4. 定期检查水泥净浆搅拌机,特别是搅拌叶片与锅底、锅壁的间隙必须在范围内,仪器的程控时间应符合标准;否则制得的水泥净浆水化不均匀,使得 2 只雷氏夹煮后增加值超过 5.0 mm。

5. 使用恒温恒湿的养护箱(可自动控制)进行养护,以排除因养护不符合要求而造成的结果误判。

6. 掌握好脱模时间。当日检测样的养护时间必须在(24±2)h 范围内。若养护时间不够,相应地使试件煮后的 $C-A$ 值增加,A 值被人为减小,合格品也就被判为不合格品;反之,养护时间过长,A 值被人为增大,$C-A$ 值相应减小,不合格品却被判为合格品。

7. 在拆模时必须小心,不能用大力扳指针,这样指针容易失去弹性也容易扳断雷氏夹。当很难取下时,把模外的附着物刮去会比较容易取下。

(八)拓展与思考

水泥安定性实验还有哪些方法,各有什么优缺点?

(九)实验记录

将实验结果填入表 1-8 中。

表 1-8　水泥安定性实验记录表

雷氏法					
雷氏夹编号			雷氏夹编号		
A_1	C_1	C_1-A_1	A_1	C_1	C_1-A_1
两试件 $C-A$ 值的差值			平均膨胀量		

实验日期：　　　　测试：　　　　记录：　　　　计算：

十四、水泥胶砂强度检验

(一)实验目的

测定不同龄期水泥的抗压强度、抗折强度,测定水泥的强度等级,评定水泥质量是否符合规范要求。水泥胶砂强度是评定水泥质量的重要指标,通过此实验培养学生在工作中严守材料质量的“底线思维”。

(二)实验仪器设备

1. 行星式水泥搅拌机。工作时搅拌叶片既绕自身轴线又沿搅拌锅周边公转,运动轨道似行星式的水泥胶砂搅拌机。行星式水泥搅拌机如图 1-12 所示。

2. 三联试模。由 3 个水平的模槽组成,可同时成型 3 条截面为 40 mm×40 mm、长 160 mm 的棱柱试体。

3. 振实台。符合《水泥胶砂试体成型振实台》(JC/T 682—2022)要求。

4. 抗折抗压强度试验机。符合《水泥胶砂电动抗折试验机》(JC/T 724—2005)的要求。最大荷载以 200～300 kN 为佳,应该有 2 个以上的荷载范围。其中最低荷载范围的最高值,大致为最高荷载范围里最大值的 1/5。抗折抗压强度试验机如图 1-13 所示。

图 1-12　行星式水泥搅拌机

图 1-13　抗折抗压强度试验机

6. 水泥抗压夹具：夹具应符合《40 mm×40 mm 水泥抗压夹具》（JC/T 683—2005）的要求，受压面面积为 40 mm×40 mm。

7. 电子天平、量筒、刮刀、大小拨料器等。

（三）实验步骤

1. 胶砂制备

（1）实验前准备：将所使用的仪器及实验工具用湿抹布润湿（无明水），然后使水泥胶砂搅拌机、水泥胶砂成型振实台处于待运行状态。

（2）称取试样：水（225±1）mL、水泥（450±2）g、ISO 标准砂（1350±5）g。

（3）把水加入锅里，再加入水泥，把锅放在固定架上，上升至固定位置。

（4）立即开动仪器，先低速搅拌 30 s，在第二个低速搅拌 30 s 开始的同时均匀地加入砂子。接着高速搅拌 30 s。停拌 90 s，在停拌的前 15 s 用刮具将叶片和锅上的胶砂刮入锅中间。继续高速搅拌 60 s，时间误差应在 1 s 以内。

（5）在水泥胶砂试样搅拌后，立即成型试件。先将空试模和模具固定在振实台上，再用勺子直接从搅拌锅里将胶砂分 2 层装入试模，装第一层时每个槽内约放 300 g 胶砂，用大拨料器垂直架在模套顶部，沿每个模槽来回一次将料层拨平，接着振实 60 次。再装入第二层胶砂，用小拨料器拨平，再振实 60 次。移走模套，取下试模，用一金属直尺以近似 90°的角度架在试模顶端的一端，然后沿试模长度方向以横向锯割动作慢慢向另一端移动，一次将超过试模部分的胶砂刮去，并用同一金属直尺以近乎水平的情况将试体表面抹平。

（6）在试模上做标记或加字条，标明试件编号和试件相对于振实台的位置。

2. 试件养护

（1）将试模放入雾室或湿箱的水平架子上养护，当养护到规定的脱模时间时，取出脱模。对于 24 h 以内龄期的，应在实验前 20 min 内脱模；对于 24 h 以上龄期的，应在成型后 20～24 h 脱模，脱模前用防水墨汁笔或专用记号笔，对试件进行编号和做其他标记。对于 2 个龄期以上的试件，在编号时，应将同一试模中的 3 条试件分别编在 2 个以上的龄期内。

（2）将做好标记的试件，水平或竖直放在（20±1）℃水中养护。当采用水平放置时，刮平面和标记面应朝上，养护期间试件之间间隔，或试件上表面的水深不得小于 5 mm。

3. 强度实验

（1）各龄期的试件必须在表 1-9 规定的时间内进行强度实验。试件从水中取出后在强度实验前应用湿布覆盖。

表 1-9　各龄期水泥胶砂强度实验时间规定

龄期	1 d	2 d	3 d	7 d	28 d
实验期间	24 h±15 min	48 h±30 min	72 h±45 min	7 d±30 min	>28 d±8 h

(2)抗折强度实验。使用抗折抗压强度试验机实验,以中心加荷法测定试件的抗折强度。将试件一个侧面放在试验机支撑圆柱上,试件长轴方向垂直于支撑圆柱,通过加荷圆柱以(50±10) N/s 的速率均匀地将荷载垂直地加在棱柱体试件相对应的侧面上,直至折断,记录最大抗折破坏荷载 F_f。

(3)抗压强度实验。将抗折强度实验后的 6 个断块试件保持潮湿状态,并立即进行抗压实验。将断块试件放入抗压夹具内,并以试件的侧面作为受压面。启动试验机,以(2400±200) N/s 的速率均匀施加荷载,直至试件破坏。记录最大抗压破坏荷载 F_c。

(四)实验数据分析与处理

1. 抗折强度

按式(1-16)计算每个试件的抗折强度 R_f(MPa),精确至 0.1 MPa。

$$R_f = \frac{1.5F_fL}{b^3} \tag{1-16}$$

式中:R_f——水泥胶砂试件的抗折强度(MPa);

F_f——折断时施加于棱柱体中部的荷载(N);

L——支撑圆柱之间的距离(mm);

b——棱柱体正方形截面的边长(mm)。

以一组 3 个棱柱体抗折强度结果的平均值作为实验结果。当 3 个强度值中有 1 个超出平均值±10% 时,应剔除后再取 2 个平均值作为抗折强度实验结果,精确至 0.1 MPa。

2. 抗压强度

按式(1-17)计算每个试件的抗压强度 R_c(MPa),精确至 0.1 MPa。

$$R_c = \frac{F_c}{A} \tag{1-17}$$

式中:R_c——水泥胶砂试件的抗压强度(MPa);

F_c——试件破坏时的最大荷载(N);

A——受压部分面积(mm^2),40 mm×40 mm = 1600 mm^2。

一组实验做 3 个棱柱体,3 个棱体折断后得到 6 个断块试件。通过 6 个断块试测出 6 个抗压强度值,取 6 个抗压强度算术平均值作为实验结果。如果 6 个测定值中有 1 个超出 6 个平均值的±10%,则应剔除这个结果,而以剩下 5 个试件的平均值作为结果。如果 5 个测定值中再有超过其平均值±10% 的,则此组结果作废,重新实验。

(五)注意事项

1. 实验室温、湿度控制:温度(20±2)℃,相对湿度不低于 50%。标准养护箱:温度(20±1)℃,相对湿度不低于 90%。试件抗折、抗压强度加载破型实验室温度应控制在 17~25 ℃范围内。

2. 在第一次拌料前,要润湿搅拌锅和搅拌叶片,保证无明水;在第二次拌料前,要将第一次拌料用尽并擦净。当实验材料搅拌完毕时,要观察锅底是否有死角没搅到。

3. 试件成型前，三联试模的隔板、端板和底座要擦净，在其接触面均匀涂一层黄油以达到紧密配合、防止漏浆的效果。在成型过程中，两次装料应按照一半的量平均加入，否则在振实过程中，胶砂试样内的气泡排出情况不一致，不仅影响振实效果，而且引起试件强度波动较大。

4. 在试件成型刮平时，不得扒料，抹平次数不宜过多，否则会使浆体泌水。

5. 抗压试件要放在实验压板的中间，刮平面侧向贴近抗压夹板面。每压完 1 块试件，用毛刷将上下压板擦净，避免砂粒等残留于压板上，影响下一块试件的实验结果。

6. 当试件养护时，试件之间要保持一定间距，让水与试件 6 个面均接触。每个养护池只养护同类型的水泥胶砂试件。

7. 水泥强度是指水泥胶砂的强度，而不是指水泥净浆的强度；水泥胶砂强度的测定不是按标准稠度需水量加水的，而是按规定的水灰比加水的。

（六）拓展与思考

1. 水泥胶砂试件制备和成型的过程是什么？

2. 影响水泥砂浆强度的因素有哪些？

（七）实验记录

将实验结果填入表 1–10 和表 1–11 中。

水泥胶砂
强度实验

表 1–10　水泥胶砂抗折强度记录表

试样编号	b/mm	L/mm	F_f/N	R_f/MPa	平均值 R_f/MPa
1					
2					
3					

实验日期：　　　　测试：　　　　记录：　　　　计算：

表 1–11　水泥胶砂抗压强度记录表

试样编号	A/mm^2	F_c/N	R_c/MPa	平均值 R_c/MPa
1				
2				
3				
4				
5				
6				

实验日期：　　　　测试：　　　　记录：　　　　计算：

十五、新拌混凝土拌合物和易性实验

(一)实验目的

判断混凝土拌合物的和易性,作为调整配合比和控制混凝土质量的依据。确定拌合物的和易性是混凝土浇筑前必做的质量检验项目,在实验过程中培养坚守工程质量底线的思维和敬业精神。

(二)实验方法

本实验采用坍落度法。适用于坍落度值不小于 10 mm、骨料最大料径不大于 40 mm 的混凝土拌合物测定,测定时需拌制拌合物约 15 L。

(三)实验仪器设备

1. 标准坍落度筒

坍落度筒为金属制截头圆锥形,上下截面必须平行并与锥体轴心垂直,筒外两侧焊把手两只,近下端两侧焊脚踏板,圆锥筒内表面必须十分光滑。圆锥筒尺寸:底部内径(200±2)mm、顶部内径(100±2)mm、高度(300±2)mm。标准坍落度筒如图 1-14 所示。

图 1-14　标准坍落度筒

2. 其他用具

弹头形捣棒(直径 16 mm、长 650 mm、端部为弹头形)、小铁铲、装料漏斗、直尺(宽 40 mm、厚 3 ~4 mm、长约 300 mm)、钢尺、拌板、镘刀和取样小铲等。

(四)实验步骤

1. 混凝土拌合物制备

实验室的混凝土拌和分人工拌和和机械拌和。

(1)人工拌和。

人工拌和在钢板上进行,拌和前应将钢板及铁铲清洗干净,并保持表面润湿。

按照试样要求的配合比，将称好的砂料、胶凝材料（水泥和掺合料预先拌）倒在钢板上，用铁铲翻拌至颜色均匀，再放入称好的石料与之拌和，至少翻拌 3 次，然后堆成锥形。将中间扒成凹坑，加入拌和用水（外加剂一般先溶于水），至少翻拌 6 次，每翻拌 1 次后用铁铲将全部拌合物铲切 1 次。拌和时间从加水完毕时算起，应在 10 min 内完成。

（2）机械拌和。

机械拌和在搅拌机中进行，拌和前应将搅拌机冲洗干净，并预拌少量同种混凝土拌合物或水胶比相同的砂浆，使搅拌机内壁挂浆后将剩余料卸出。

按照试样要求的配合比，将称好的石料、胶凝材料、砂料、水（外加剂一般先溶于水）依次加入搅拌机，开动搅拌机搅拌 2 ~ 3 min。将拌好的混凝土拌合物卸在钢板上，刮出黏结在搅拌机上的拌合物，用人工翻拌 2 ~ 3 次，使之均匀。

2. 混凝土拌合物坍落度测定

（1）每次测定前，用湿布将拌板及坍落度筒内外擦净、润湿，并将筒顶部加上漏斗，放在拌板上，用双脚踩紧踏板，使其位置固定。

（2）用小铲将拌好的拌合物分 3 层均匀装入筒内，每层装入高度在插捣后大致应为筒高的 1/3。顶层装料时，应使拌合物高出筒顶。插捣过程中，如试样沉落到低于筒口位置，则应随时添加，以便试样自始至终保持高于筒顶。每装一层分别用捣棒插捣 25 次，插捣应在全部面积上进行，沿螺旋线由边缘渐向中心。插捣筒边混凝土时，捣棒应稍有倾斜，然后垂直插捣中心部分。底层插捣应穿透整个深度。插捣其他两层时，应垂直插捣至下层表面为止。

（3）插捣完毕即卸下漏斗，将多余的拌合物刮去，使与筒顶面齐平，筒周围拌板上的拌合物必须刮净、清除。

（4）将坍落度筒小心平稳地垂直向上提起，不得歪斜，提高过程 5 ~ 10 s 内完成，将筒放在拌合物试体一旁，量出坍落后拌合物试体最高点与筒高的距离（以 mm 为单位计，读数精确至 5 mm），即为拌合物的坍落度。

（5）从开始装料到提起坍落度筒的整个过程应连续进行，并在 150 s 内完成。

（6）坍落度筒提离后，如试件发生崩坍或一边剪坏现象，则应重新取样进行测定。如第二次仍出现这种现象，则表示该拌合物和易性不好，应予记录备查。

（五）实验数据分析与处理

混凝土拌合物的坍落度以 mm 计，取整数。在测定坍落度的同时，可目测评定混凝土拌合物的下列性质：

（1）黏聚性。用捣棒在已坍落的拌合物锥体侧面轻轻击打，如果锥体逐渐下沉，表示黏聚性良好；如果突然倒坍，部分崩裂或石子离析，即为黏聚性不好的表现。

（2）保水性。提起坍落度筒后如有较多的稀浆从底部析出，锥体部分的拌合物也因失浆而骨料外露，则表明保水性不好；若无这种现象，则表明保水性良好。

（六）注意事项

1. 坍落度筒一定要放在坚实水平的硬化地面或钢板上。

2. 双脚要踩紧坍落度筒的脚踏板。

3. 往筒内装混凝土的高度和层数要符合标准规定。

4. 捣棒插捣点要均匀分布，插捣的次数要符合要求。

5. 插捣后，顶面要抹平。

6. 要两边平行向上提起坍落度筒，速度要均匀并符合要求。

7. 在量测数据时，尺下端应与混凝土堆的中心点接触。

8. 读取数据时，视线要水平看尺的读数。

（七）拓展与思考

1. 混凝土拌合物和易性包括哪几方面？

2. 影响混凝土拌合物和易性的因素有哪些？

（八）实验记录

将实验结果填入表 1-12 中。

表 1-12 新拌混凝土拌合物和易性实验记录表

实验次数	拌合物温度/℃	坍落度/mm	黏聚性		保水性	
			良好	不好	良好	不好
1						
2						
3						
4						
5						

实验日期：　　　　测试：　　　　记录：　　　　计算：

十六、维勃稠度实验

（一）实验目的

测定混凝土拌合物的维勃值，用以评定坍落度在 10 mm 以内的混凝土拌合物流动性，检验混凝土拌合物的和易性是否满足施工要求。

（二）实验方法

本实验采用维勃稠度法。适用于骨料最大粒径不大于 40 mm，维勃稠度在 5～30 s 的混凝土拌合物和易性测定，测定时需配制拌合物约 15 L。

（三）实验仪器设备

1. 维勃稠度仪。主要由振动台、容器台、旋转架等构成。维勃稠度仪如图 1-15

所示。

振动台:台面长 380 mm,宽 260 mm。震动频率(50±3)Hz。装有空容器时台面的振幅应为(0.5±0.1)mm。

容器台:内径(240±5)mm,高(200±2)mm。

旋转架:与测杆及喂料斗相连。测杆下部安装有透明且水平的圆盘。透明圆盘直径为(230±2)mm,厚(10±2)mm。由测杆、圆盘及荷重组成的滑动部分总质量应为(2750±50)g。

2. 秒表、小铲、拌板、镘刀等。

图 1-15　维勃稠度仪

(四)实验步骤

1. 将维勃稠度仪放置在坚实水平的地面上,用湿布把容器、坍落度筒、喂料斗内壁及其他用具润湿。

2. 将喂料斗提到坍落度筒上方扣紧,校正容器位置,使其中心与喂料斗中心重合,然后拧紧固定螺栓。

3. 把拌好的拌合物用小铲分三层经喂料斗均匀地装入坍落度筒内,装料及插捣的方法与坍落度测试时相同。

4. 把喂料斗转离,垂直地提起坍落度筒,此时应注意不使混凝土试体产生横向的扭动。

5. 把透明圆盘转到混凝圆台体顶面,放松测杆螺栓,降下圆盘,使其轻轻地接触到混凝土顶面,拧紧定位螺栓并检查测杆螺栓是否已完全放松。

6. 在开启振动台的同时用秒表计时,当振动到透明圆盘的底部被水泥布满的瞬间停止计时,并关闭振动台电机开关。由秒表读出的时间(s)即为该混凝土拌合物的维勃稠度值,读数精确至 1 s。

7. 仪器每测试一次后,必须将容器、筒模及透明圆盘洗净擦干,并在滑杆等处涂薄层黄油,以备下次使用。

(五)实验数据分析与处理

混凝土拌合物的维勃稠度以 s 计,取整数,以两次实验结果的平均值作为混凝土拌合物稠度。

(六)注意事项

1. 实验前应检查秒表是否准确。

2. 若维勃稠度值小于 5 s 或大于 30 s,则此种混凝土混合物所具有的稠度已超出维勃稠度法的适用范围。

(七)拓展与思考

影响混凝土拌合物维勃稠度的因素有哪些?

(八)实验记录

将实验结果填入表 1-13 中。

表 1-13　新拌混凝土拌合物和易性实验记录表

实验次数	维勃稠度值/s	维勃稠度平均值/s
1		
2		

实验日期：　　　　测试：　　　　记录：　　　　计算：

十七、普通混凝土抗压强度实验

(一)实验目的

通过测定混凝土立方体抗压强度，校验、调整混凝土配合比，确定混凝土强度等级，并为评定混凝土质量提供依据，培养学生严谨认真的学习态度和一丝不苟的敬业精神。

(二)实验仪器设备

1. 压力实验机：测量精度不低于±1%，实验时由试件最大荷载选择压力机量程。使试件破坏时的荷载位于压力机全量程的 20% ~80%；

2. 振动台：频率(50±3) Hz 空载振幅约为 0.5 mm；

3. 搅拌机、试模、捣棒、橡皮锤、抹刀等。

压力实验机如图 1-16 所示。

图 1-16　压力实验机

(三)实验步骤

1. 试件的制作

(1)每一组试件所用的混凝土拌合物应从同一批拌和而成的拌合物中取用。

（2）制作前，应将试模擦拭干净并在其内表面涂以一薄层矿物油脂或隔离剂。

（3）坍落度不大于 70 mm 的混凝土用振动台振实。将拌合物一次装入试模，并稍有富余，然后将试模放在振动台上，用固定装置予以固定。开动振动台，振动时随时准备添料，振至拌合物表面呈现出水泥浆，没有气泡向上冒时为止，刮去多余的拌合物并随即用馒刀将表面抹平。

（4）坍落度大于 70 mm 的混凝土试样，装入试模后采用人工捣实方法。将混凝土拌合物分两层装入试模，每层厚度大致相等。插捣时按螺旋方向从边缘向中心均匀进行。插捣底层时，捣棒应达到试模底面；插捣上层时，捣棒应穿入下层深度约 20～30 mm。插捣时捣棒应保持垂直，不得倾斜，并用抹刀沿试模内壁插入数次，以防止试件产生麻面。每层插捣次数按每 100 cm 面积上不得少于 12 次，插捣后应用橡皮锤轻击试模四周，直至插捣棒留下的空洞消失为止。然后刮去多余的混凝土拌合物，将试模表面用馒刀抹平。

2. 试件的养护

（1）采用标准养护方法养护的试件成型后应用湿布覆盖其表面，防止水分蒸发，并应在温度为（20±5）℃的条件下静置 1～2 昼夜，然后编号拆模。

（2）拆模后的试件应立即放在温度为（20±2）℃，湿度为 95% 以上的标准养护室中养护。在标准养护室内试件应放在架上，彼此间隔为 10～20 mm，并应注意避免用水直接冲淋试件以保持其表面特征。

（3）混凝土试件也可在温度为（20±2）℃的不流动的 $Ca(OH)_2$ 饱和溶液中养护。

（4）与构件同条件养护的试件成型后，应将其表面覆盖并洒水。试件的拆模时间可以和实际构件的拆模时间相同。拆模后，试件仍需保持同条件养护。

3. 混凝土立方体试块抗压强度测试

（1）试件自养护室取出后，随即擦干并量出其尺寸，精确至 1 mm，据此计算构件的受压面积 A（mm^2）。

（2）将试件安放在下承压板上，试件的承压面应与试件成型时的顶面垂直；试件的中心应与实验机下承压板中心对准。开动实验机，当上压板与试件接近时，调整球座，使上、下压板与试件上、下表面实现均衡接触。

（3）测试时应保持连续而均匀地加荷，加荷速度应为：混凝土强度等级≥C30 且<C60 时，取每秒钟 0.5～0.8 MPa；混凝土强度等级低于 C30 时取每秒钟 0.3～0.5 MPa。当试件接近破坏而开始迅速变形时，停止调整实验机油门，直至试件破坏。记录破坏荷载 P（N）。

（四）实验数据分析与处理

1. 混凝土试件的立方抗压强度可按式（1-18）计算：

$$f_{cu} = \frac{P}{A} \tag{1-18}$$

式中：f_{cu}——混凝土立方体试块的抗压强度（MPa）；

P——试件破坏荷载（N）；

A——试件承压面积（mm^2）。

2. 混凝土的抗压强度是以边长 150 mm 的立方体试件的抗压强度为标准，其他尺寸试件测定结果均应乘以表 1–14 中所规定的尺寸换算系数换算为标准强度。

3. 以三个试件的抗压强度算术平均值作为该组混凝土试件的抗压强度值（精确至 0.1 MPa）。如果三个测定值中的最小值或最大值有一个与中间值的差值超过中间值的 15%时，则计算时把最大值与最小值一并舍去，取中间值作为该组试件的抗压强度值。如最大值和最小值与中间值的差均超过中间值的 15%，则该组试件的实验结果无效。

（五）注意事项

1. 不同骨料最大粒径选用的试件尺寸、插捣次数及尺寸换算系数，按表 1–14 规定。

表 1–14　不同骨料最大粒径选用的试件尺寸、插捣次数及尺寸换算系数

试件尺寸/mm	骨料最大粒径/mm	每层插捣次数	尺寸换算系数
100×100×100	≤31.5	12	0.95
150×150×150	≤40	25	1
200×200×200	≤63	50	1.05

2. 混凝土物理力学性能实验一般以 3 个试件为一组。每一组试件所用的拌合物应从同盘或同一车运送的混凝土中取出，或在实验室用机械或人工单独拌制用以检验现浇混凝土工程或预制构件质量。

3. 所有试件应在取样后立即制作。检验工程和构件质量的混凝土试件成型方法应尽可能与实际施工采用的方法相同。

（六）拓展与思考

1. 影响混凝土抗压强度的因素有哪些？

2. 提高混凝土抗压强度的主要措施有哪些？

（七）实验记录

将实验结果填入表 1–15 中。

表 1–15　混凝土抗压强度实验记录表

实验次数	破坏荷载/kN	试件承压面积/mm^2	抗压强度/MPa
1			
2			
3			

实验日期：　　　　测试：　　　　记录：　　　　计算：

十八、砂浆流动度实验

(一)实验目的

测定在一定加水量下,水泥胶砂的流动度是否达到标准,使胶砂其他物理性能的测试更准确。培养学生的动手操作能力,并掌握水泥胶浆搅拌机、水泥胶砂流动度测定仪、天平等仪器的使用方法。

(二)实验原理

胶砂流动度是人为规定水泥砂浆处于一种特定的和易状态,它反映出水泥胶砂的可塑性。用流动度来控制加水量,使胶砂物理性能的测试更准确,可使所测得的水泥强度与混凝土强度之间有较好的相关性。胶砂流动度以胶砂在跳桌上按规定操作进行跳动测定的底部扩散直径来衡量,单位用 mm,以扩散直径大小表示流动性好坏。

(三)实验仪器设备

1. 水泥胶砂搅拌机。水泥胶砂搅拌机应符合《行星式水泥胶砂搅拌机》(JC/T 681—2022)的规定,在水泥胶砂强度检验中介绍。

2. 水泥胶砂流动度测定仪。水泥胶砂流动度测定仪简称跳桌,主要由铸铁机架和跳桌部分组成,如图 1-17 所示。跳桌部分主要由推杆和圆盘桌面组成。

图 1-17　水泥胶砂流动度测定仪

3. 圆柱捣棒。由金属材料制成,直径(20±0.5)mm,长约 200 mm。捣棒底面与侧面成直角,其下部光滑,上部手柄滚花。

4. 试模。由截锥圆模和模套组成,内表面加工光滑。圆模尺寸为:高(60±0.5) mm,上口内径(70.0±0.5) mm,下口内径(100±0.5) mm,下口外径 120 mm,模壁厚大于 5 mm。

5. 卡尺。卡尺量程不小于 300 mm,分度值不大于 0.5 mm。

6. 天平。天平量程不小于 1000 g,分度值不大于 1 g。

7. 小刀、胶头滴管、秒表等。

（四）实验步骤

1. 称取水泥 450 g，标准砂 1350 g，按预定的水灰比 1 ∶ 2 计算并量取拌和用水 225 mL。

2. 胶砂制备。

（1）把水加入锅里，在加入水泥，把锅放在固定架上，上升至固定位置。

（2）开动机器，低速搅拌 30 s 后，在第二个 30 s 开始的同时平均地加入砂子，把机器转至高速再拌 30 s。

（3）停拌 90 s，在第一个 15 s 内用一胶皮刮具将叶片和锅壁上的胶砂，刮入锅中间。在高速下连续搅拌 60 s。各个搅拌时期，时长误差应在±1 s 以内。

3. 在搅拌胶砂的同时将圆锥模及模套、捣棒、跳桌玻璃板台面用潮湿毛巾擦湿，放在台面中心上，然后用潮湿毛巾盖好。

4. 将已拌和好的胶砂迅速地分两层装入截锥圆模内。第一层装至圆模高的 2/3 处，用小刀在相互垂直两个方向各划实 5 次，再用捣棒由边缘至中心均匀捣压 15 次［沿边缘捣压 10 次，往里第二圈捣压 4 次、中心 1 次，如图 1-18（a）所示］。接着装第二层胶砂，装至高出圆模约 2 cm，用小刀在相互垂直两个方向各划实 5 次，再用捣棒由边缘至中心均匀捣压 10 次［外圈 7 次，内圈 3 次，如图 1-18（b）所示］。捣压后胶砂应略高于试模、捣压深度，第一层捣至胶砂高度的 1/2，第二层捣实不超过已捣实底层表面。装砂和捣压时，用手扶压圆模，捣压时切勿使圆模移动。

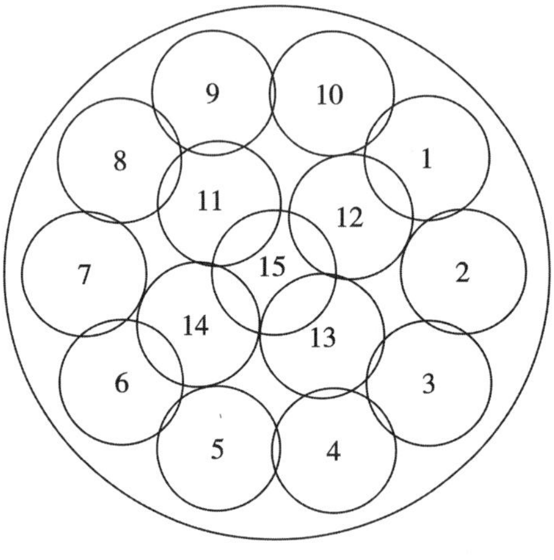

（a）第一层捣压位置示意图

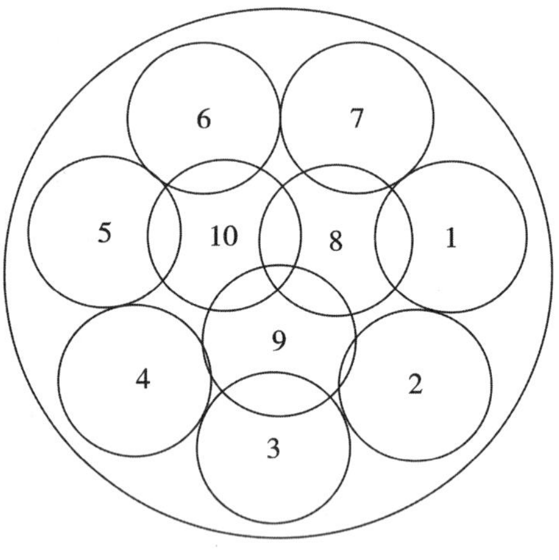

（b）第二层捣压位置示意图

图 1-18　捣压位置示意图

5. 捣压完毕，取下模套，将小刀倾斜，从中间向边缘分两次以近水平的角度抹去高出截锥圆模的胶砂，并擦去落在桌面上的胶砂。将截锥面垂直向上轻轻提起，立刻开动跳桌，以每秒钟一次的频率，在（25±1）s 内完成 25 次跳动。

6. 跳动完毕，用卡尺测量水泥胶砂底面相互垂直的两个方向直径，计算平均值，取整数，单位为 mm。该平均值即为该水量的水泥胶砂流动度。

（五）实验数据分析与处理

记录水泥胶砂在规定振动状态下的拓展度，以 mm 记，取整数。

（六）注意事项

1. 胶砂搅拌结束后应立即进行流动度测定，从胶砂加水开始到测量扩散直径结束，应在 6 min 内完成，若不及时进行检验，流动度随时间延长而减小。

2. 在流动度测定的全过程中，搅拌锅、截锥圆模和圆柱捣棒都要求有一定的湿度。

3. 压捣时用力要均匀，力量大小要适当，捣棒应垂直。

4. 跳桌在 24 h 内未使用，使用前应先空跳一个周期 25 次，以检查跳桌是否正常。

5. 跳桌推杆、轴套、凸轮、滚轮和圆盘底部与机架接触面，应保持清洁。

（七）拓展与思考

水泥胶砂流动度的影响因素有哪些？

砂浆流动度实验

（八）实验记录

将实验结果填入表 1-16 中。

表 1-16　水泥胶砂流动度测定记录表

测定次数	水泥质量/g	标准砂/g	水/mL	流动度结果确定/mm	平均值/mm

实验日期：　　　　测试：　　　　记录：　　　　计算：

十九、砂浆稠度实验

（一）实验目的

通过测定一定几何形状及一定重量的标准圆锥体自由沉入砂浆中的深度，测得达到设计稠度时的加水量，判定砂浆的流动性。砂浆稠度实验主要是用于确定配合比或施工过程中控制砂浆稠度，从而达到控制用水量目的。本实验符合《建筑砂浆基本性能实验方法标准》（JGJ/T 70—2009）要求。

（二）实验仪器设备

1. 砂浆稠度测定仪：由试锥、容器和支座三部分组成。试锥由钢材或铜材制成，锥高 145 mm，锥底直径 75 mm，试锥连同滑杆质量 300 g；盛砂浆容器由钢板制成，筒高 180 mm，筒底内径 150 mm；支座分底座、支架及稠度显示三部分，由铸铁、钢及其他金属制成，如图 1–19 所示。

图 1–19　砂浆稠度测定仪

2. 钢制捣棒：直径 10 mm、长 350 mm，端部磨圆；

3. 秒表、量杯、台称、湿布、铁铲等。

（三）实验步骤

1. 砂浆制备

实验室砂浆的拌和分为人工拌和、机械拌和。

（1）人工拌和。

人工拌和在钢板上进行，拌和前应将钢板及铁铲等用具清洗干净，并保持表面润湿。

将称好的砂料、水泥倒在钢板上，用铁铲翻拌至颜色均匀。将试样集中堆成锥形，在中间扒成凹坑，加入约 2/3 拌和用水（外加剂一般先溶于水），然后充分拌和至干料和水基本均匀，重新将材料集中成堆，在中间扒成凹坑，加入剩余的水，直到拌和均匀为止。拌和时间应自加水时起算 5 min 内完成。

（2）机械拌和。

机械拌和在搅拌机中进行，拌和前应将搅拌机冲洗干净，并预拌少量与实验同配合比的砂浆拌合物，使搅拌机内壁挂浆后将剩余料卸出。

按照试样要求的配合比，将称好的砂料、水泥、水（外加剂一般先溶于水）加入搅拌机，开动搅拌机搅拌 2 ~ 3 min（一次拌和量宜取搅拌容量的 20% ~ 80%）。将拌好的砂浆拌合物卸在钢板上，刮出黏结在搅拌机上的拌合物，用人工翻拌 2 ~ 3 次，使之均匀。

2. 砂浆稠度测定

（1）将试锥、容器表面用湿布擦净，用少量润滑油轻擦滑杆，保证滑杆自由滑动。

（2）将砂浆拌合物一次装入容器，使砂浆低于容器口约 10 mm，用捣棒自容器中心向边缘插捣 25 次，轻击容器 5 ~ 6 下，使砂浆表面平整，立即将容器置于稠度测定仪的底座上。

（3）把试锥调至尖端与砂浆表面接触，拧紧制动螺丝，使卡尺侧杆下端刚接触滑杆上端，并将指针对准零点上。

(4)拧开制动螺丝，同时以秒表计时，待 10 s 立即固定螺栓，将卡尺侧杆下端接触滑杆上端，从刻度盘读出下沉深度(精确至 1 mm)，即为砂浆稠度值；圆锥容器内的砂浆，只允许测定一次稠度，重复测定时，应重新取样。

(四)实验数据分析与处理

1. 记录两次测定结果的算术平均值作为实验结果，精确至 1 mm。

2. 如两次测定数值之差大于 10 mm，应重新配料测定。

(五)注意事项

1. 采用机械拌和时，应先使搅拌机内壁挂浆。采用人工拌和时，应注意投料顺序和拌和技巧。

2. 砂浆拌合物应一次装入容器。

3. 圆锥形容器内的砂浆只允许测定一次稠度。

(六)拓展与思考

砂浆稠度实验时，达到设计稠度时的加水量如何判定？

水泥砂浆稠度实验

(七)实验记录

将实验结果填入表 1-17 中。

表 1-17　水泥砂浆稠度实验记录表

测定次数	水泥质量/g	标准砂/g	水/mL	稠度/mm	平均值/mm

实验日期：　　　　测试：　　　　记录：　　　　计算：

二十、砂浆分层度实验

(一)实验目的

测定砂浆拌合物在运输及停放时的保水能力及砂浆内部各组分之间的相对稳定性，用以评定其和易性。本实验符合《建筑砂浆基本性能实验方法标准》JGJ/T 70—2009 要求。

(二)实验仪器设备

1. 分层度测定仪：内径为 150 mm，上节高 200 mm，下节带底净高 100 mm，用金属板制成，上、下节连接处需加宽到 3 ~ 5 cm，用螺栓连接，并设有橡胶垫圈，如图 1-20 所示。

图 1-20　砂浆分层度测定仪

2. 木锤。

3. 其他同砂浆稠度实验仪器及配件。

(三)实验步骤

1. 将砂浆拌合物按砂浆稠度实验方法制备砂浆,测定稠度。

2. 将经稠度实验后的砂浆重新拌和均匀后,一次注满分层度桶内。用木槌在容器周围距离大致相等的 4 个不同地方轻敲 1 ~2 次,如砂浆沉落到低于桶口,则应随时添加,然后刮去多余的砂浆并用抹刀抹平。

3. 静置 30 min,去掉上层 200 mm 砂浆,然后取出剩余的 100 mm 砂浆重新拌和均匀,再次测定砂浆稠度。

4. 前后测得的砂浆稠度的差值,即为砂浆的分层度,以 mm 计。

(四)实验数据分析与处理

1. 记录两次实验结果的算术平均值作为该砂浆的分层度值,精确至 1 mm。

2. 如两次分层度实验结果之差大于 10 mm,应重新取样进行实验。

(五)注意事项

稠度实验后的砂浆,要充分拌匀,一次注入分层度桶。

(六)拓展与思考

砂浆分层度实验时,除了采用标准法外还有哪种方法?

(七)实验记录

将实验结果填入表 1-18 中。

表 1-18　建筑砂浆分层度实验记录表

实验次数	未装入分层度仪前稠度/mm	装入分层度仪后稠度/mm	分层度测值/mm	分层度平均值/mm
1				
2				

实验日期：　　　　测试：　　　　记录：　　　　计算：

二十一、陶瓷砖断裂模数和破坏强度检测实验

(一)实验目的

掌握陶瓷砖断裂模数和破坏强度的检测方法及计算方法。

(二)实验仪器设备

1. 干燥箱:能在(110±5) ℃下工作;
2. 陶瓷砖断裂模数和破坏强度检测仪,如图 1-21 所示。

图 1-21　陶瓷砖断裂模数和破坏强度检测仪

(三)实验步骤

1. 用硬刷刷去试样表面松散的黏结颗粒。将试样放入干燥箱中,温度高于 105 ℃,至少 24 h,然后冷却至室温。试样达到室温后 3 h 内进行实验。

2. 接通电源,将面板上电源开关打开,点亮数显压力表。

3. 将试样置于支撑棒上,使釉面或正面朝上,并将其长边 L 垂直于支撑棒放置,试样伸出每根支撑棒的长度为 l_1。

4. 按下清零键,对数显压力表进行清零。

5. 调节“速度调节”旋钮,可改变加载卸载速度,按“加载”按钮,加载指示灯亮,上夹

具下降，试样与上压刀口接触，数显压力表上即显示试样所受压力值。当试样受力达到极限，试样受破坏，电机自动停止加载，数显压力表会显示受压时的最大值并保持不变，此时记下最大值，即断裂荷载 F。

（四）实验数据分析与处理

1. 破坏强度（S）以牛顿（N）表示，按式（1-19）计算：

$$S=FL/b \tag{1-19}$$

式中：F——破坏荷载（N）；

L——两根支撑棒之间的跨距（mm）；

b——试样的宽度（mm）。

2. 断裂模数（R）以牛顿每平方毫米（N/mm^2）表示，按式（1-20）计算：

$$R=\frac{3FL}{2bh^2}=\frac{3S}{2h^2} \tag{1-20}$$

式中：F——破坏荷载（N）；

L——两根支撑棒之间的跨距（mm）；

b——试样的宽度（mm）；

h——实验后沿断裂边测得的试样断裂面的最小厚度（mm）。

（五）注意事项

1. 瓷砖居中放置在支撑棒上，釉面朝上。对于两面相同的砖，例如无釉马赛克，两面任一面向上均可。对于挤压成型的砖，应将其背肋垂直于支撑棒放置，对于所有其他矩形砖，应以其长边垂直于支撑棒放置。

2. 中心棒应与两支撑棒等距，中心棒下降时以（1±0.2）$N/(mm^2\cdot s)$的速率均匀地增加荷载，此仪器表盘上指针显示以 100 为宜。

3. 瓷砖断裂后中心棒上升时速度可以加快。

4. 实验过程中人员不要距离仪器过近，以免误伤。

5. 瓷砖断裂后查看裂缝是否在中心，只有在宽度与中心棒直径相等的中间部位断裂试样，其结果才可用于后续计算，计算平均值至少需要 5 个有效数据。如果有效结果少于 5 个，应取加倍数量的瓷砖进行第二组实验，此时至少需要 10 个有效结果来计算平均值。

（六）拓展与思考

断裂模数和破坏强度的计算值多大才算合格呢？

二十二、陶瓷砖尺寸和表面质量的检验

（一）实验目的

1. 掌握陶瓷砖尺寸检测的方法；

2. 掌握陶瓷砖各尺寸的定义及计算方法。

(二)实验仪器设备

陶瓷砖综合测定仪,见图 1-22。

图 1-22　陶瓷砖综合测定仪

(三)实验原理

1. 边直度:在砖的平面内,边的中央偏离直线的偏差。这种测量只适用于砖的直边,见图 1-23,结果用百分数表示,见式(1-21)。

$$边直度 = \frac{C}{L} \times 100\% \tag{1-21}$$

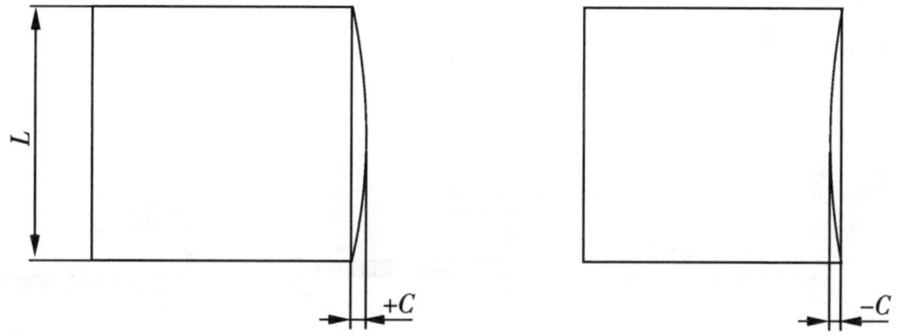

图 1-23　边直度

2. 直角度:将砖的一个角紧靠着放在用标准板校正过的直角上,见图 1-24,该角与标准直角的偏差。直角度用百分数表示,见式(1-22)。

$$直角度 = \frac{\delta}{L} \times 100\% \tag{1-22}$$

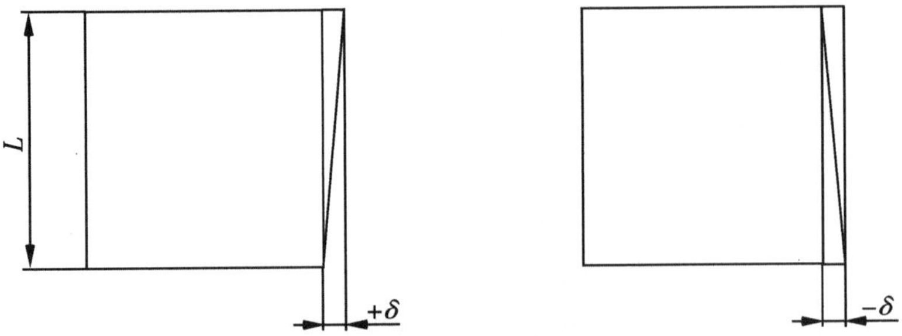

图 1-24　直角度

3. 中心弯曲度：砖面的中心点偏离由 4 个角点中的 3 点所确定的平面的距离，见图 1-25，结果见式(1-23)。

$$中心弯曲度 = \frac{\Delta C}{D} \tag{1-23}$$

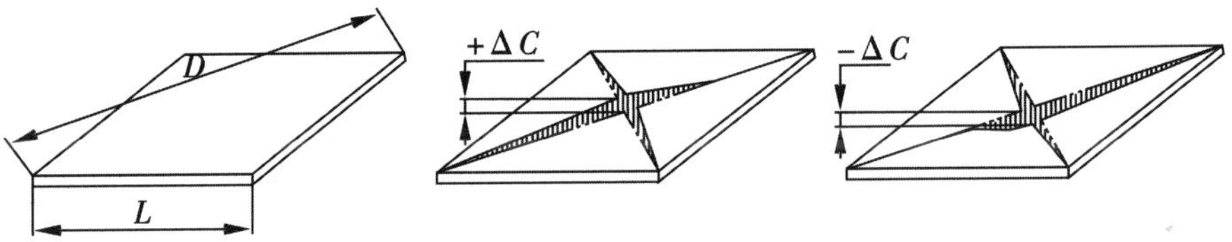

图 1-25　中心弯曲度

4. 边弯曲度：砖的一条边的中点偏离由 4 个角点中的 3 点所确定的平面的距离，见图 1-26，结果见式(1-24)。

$$边弯曲度 = \frac{\Delta S}{L} \tag{1-24}$$

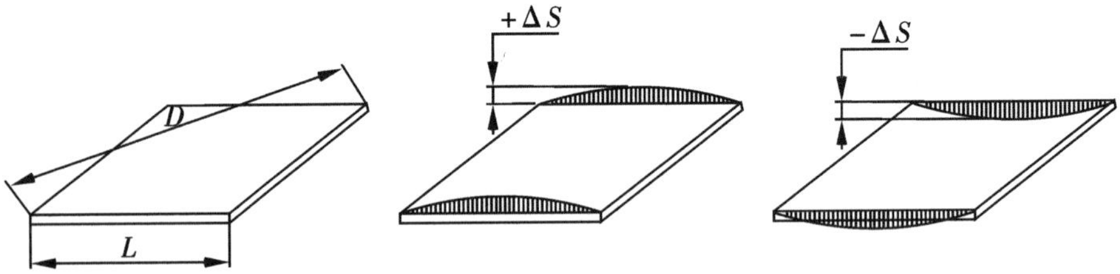

图 1-26　边弯曲度

5. 翘曲度：由砖的 3 个角点确定一个平面，第 4 角点偏离该平面的距离，见图 1-27，结果见式(1-25)。

$$翘曲度 = \frac{\Delta W}{D} \tag{1-25}$$

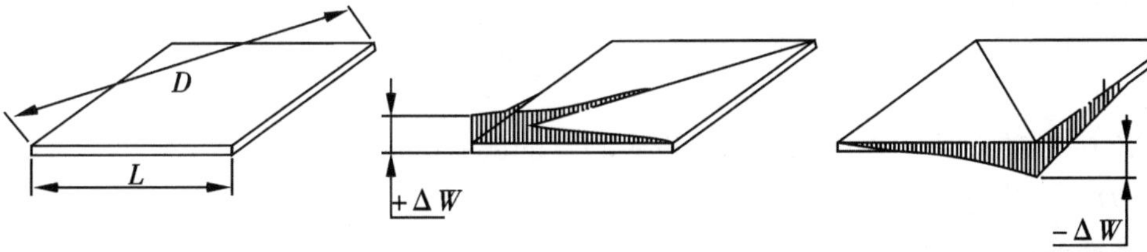

图 1-27　翘曲度

(四)实验步骤

1. 取 10 块符合要求的整块砖。

2. 根据所测陶瓷砖的规格,选择相应的标准板。

3. 确定各个定位点和被测点,并将左右支座调整到位,定位点和测点均固定在所要求的位置上。

4. 将标准板放在仪器的三个支承销上,支承销直径为 5 mm,使其标准板侧面与三个定位销严密接触,每一支承销的中心到砖边的距离为 10 mm,三个支承销靠近被测边,离测量边每一个角的距离为 5 mm,翘曲度、边弯曲度百分表测量点离砖边的距离是 10 mm,测量直角度的百分表测量点在离测量边的一个角 5 mm 处,边直度测量点在测量边的中心位置,中心弯曲度测量点在测量板的底面中心位置。

5. 将标准板正确地置于仪器的测试位置上,调整百分表的读数到合适的初始值(5 mm 左右),记录每个表的初始值。将直角度、边直度百分表测杆抽回,取出标准板,将砖的正面恰当地放在仪器的支承销上,记录每个百分表的数值,后面的数值减去前面的初始值,即为砖与标准板的偏差。如果是正方形砖,转动砖试样,得到 4 次测量值,每块砖均重复上述步骤。如果是长方形砖,须两次放上标准板,然后才能得到砖的 4 次测量值。根据偏差及计算后的各参数值,填写实验报告。

(五)实验数据分析与处理

1. 边直度的计算

$$边直度=\frac{C}{L}\times 100\% \tag{1-26}$$

式中:C——测量边的中央偏离直线的偏差(mm);

L——测量边长度(mm)。

2. 直角度的计算

$$直角度=\frac{\delta}{L}\times 100\% \tag{1-27}$$

式中:δ——在距角点 5 mm 处测得的砖的测量边与标准板相应边的偏差值(mm);

L——测量边长度(mm)。

3. 中心弯曲度的计算

$$中心弯曲度=\frac{\Delta C}{D} \tag{1-28}$$

式中：ΔC ——砖面的中心点偏离标准板中心点的偏差（mm）；

D——砖对角线的长度（mm）。

4. 边弯曲度的计算

$$边弯曲度=\frac{\Delta S}{L} \tag{1-29}$$

式中：ΔS ——测量边的中央偏离标准板平面的偏差（mm）；

L——测量边长度（mm）。

5. 翘曲度的计算

$$翘曲度=\frac{\Delta W}{D} \tag{1-30}$$

式中：ΔW ——砖的一个角点偏离标准板平面的偏差（mm）；

D——砖对角线的长度（mm）。

（六）注意事项

1. 标准板和试件必须轻放、轻取，以防碰伤标准板和平台。

2. 取放标准板和试件前，必须将百分表测杆抽回，离开接触点，以防碰撞表头。

3. 左右定位支座在调整后，须将固定螺钉拧紧，以免测量时影响精度或损伤有关零件。

4. 不能松动移动坐标的螺钉，以免影响系统刚度，损坏测试稳定性。

（七）拓展与思考

尺寸偏差的正常范围是多少？

二十三、沥青针入度实验

（一）实验目的

测定沥青的黏稠度，进行沥青标号的划分，用以评价沥青的低温抗裂性能。［本实验依据国际工程项目沥青试验流程和《公路工程沥青及沥青混合料试验规程》JTG E20—2011）撰写］。

（二）实验方法

1. 准备试样。

2. 按实验要求将恒温水槽调节到要求的实验温度 25 ℃，或 15 ℃、30 ℃（若 30 ℃时的针入度值过 大，可采用 5 ℃代替），保持稳定。

3. 将试样注入盛样皿中，试样高度应超过预计针入度值 10 mm，并盖上盛样皿，以防落入灰尘。盛有试样的盛样皿在 15 ~ 30 ℃室温中冷却不少于 1.5 h(小盛样皿),2 h(大盛样皿)或 3 h(特殊盛样皿)后应移入保持规定实验温度±0.1 ℃的恒温水槽中,并应保温不少于 1.5 h(小盛样皿)、2 h(大盛样皿)或 2.5 h(特殊盛样皿)。

将沥青试样注入样皿时,不应留有气泡。有气泡、致密的沥青结构变为海绵结构使针入度值偏高,可用明火将其消掉,以免影响结果的正确性。在准备工作中对盛有试样的试样皿在室温下冷却及水槽中保温的时间,按国际通行试验方法规定为 1 ~ 1.5 h(小盛样皿)、1.5 ~ 2 h(大盛样皿),同时补充 2 ~ 3 h(特殊盛样皿)。通过试验发现,如果试样在室温下冷却 1 h(尤其是夏天),在水浴里面保温 1 h,测出来的针入度值偏大(5 ~ 10 mm),说明试样内部的温度不是实际要测定的温度,尤其是工地的试验室,夏季温度很高。所以本次将在水浴的保温时间去掉了下限,修订为不少于 1.5 h(小盛样皿)、2 h(大盛样皿)或 2.5 h(特殊盛样皿)。

(三)实验仪器设备

1. 针度入仪:为提高测试精度,针入度试验宜采用能够自动计时的针入度仪进行测定,要求针和针连杆必须在无明显摩擦下垂直运动,针的贯入深度必须准确至 0.1 mm,如图 1-28 所示。

图 1-28　沥青针度入仪

2. 标准针:由硬化回火的不锈钢制成,洛氏硬度 HRC54-60,表面粗糙度 Ra 0.2 ~ 0.3 μm,针及针杆总质量(2.5±0.05) g。针杆上应打印有号码标志。

3. 盛样皿:金属制,圆柱形平底。

4. 恒温水槽和油槽:容量不少于 10 L,控制精度为±0.1 ℃。水槽中应设置一个带孔的搁板,位于水面以下,距水面不得小于 100 mm,距水槽底不得小于 50 mm 处。

5. 平底玻璃皿:容量不小于 1 L,深度不小于 80 mm。内有不锈钢三脚支架,能使盛样皿稳定。

6. 其他工具:秒表(精度 0.1 s)、砂浴、石棉网、金属锅、瓷把坩锅、温度计或温度传感器(0~50) ℃、位移计或位移传感器(精度为 0.1 mm)、盛样皿、试验容器等,选择工具要符合规程。

(四)实验步骤

1. 取出达到恒温的盛样皿,并移入水温控制在实验温度±1 ℃(可用恒温水槽中的水)的平底玻璃皿中的三脚支架上,试样表面以上的水层深度不小于 10 mm。

2. 将盛有试样的平底玻璃皿置于针入度仪的平台上。慢慢放下针连杆,用适当位置的反光镜或灯光反射观察,使针尖恰好与试样表面接触,将位移计或刻度盘指针复位为零。

3. 开始实验,按下释放键,这时与标准针落下贯入试样同时开始计时,至 5 s 时自动停止。

4. 读取位移计或刻度盘指针的读数,准确至 0.1 mm。

5. 同一试样平行实验至少 3 次,各测试点之间及与盛样皿边缘的距离不应小于 10 mm。每次实验后应将盛有盛样皿的平底玻璃皿放入恒温水槽,使平底玻璃皿中水温保持实验温度。每次实验应换一根干净标准针或将标准针取下用蘸有三氯乙烯溶剂的棉花或布揩净,再用干棉花或布擦干。

6. 测定针入度大于 200 的沥青试样时,至少用 3 支标准针,每次实验后将针留在试样中,直至 3 次平行实验完成后,才能将标准针取出。

(五)实验数据分析与处理

1. 同一试样 3 次平行试验结果的最大值和最小值之差在下列允许误差范围内时,计算 3 次试验结果的平均值,取整数作为针入度实验结果,以 0.1 mm 计。针入度平行实验允许误差值见表 1-19。

表 1-19 针入度平行实验允许误差值

针入度(0.1 mm)	0~49	50~149	150~249	250~500
允许误差值(0.1 mm)	2	4	12	20

2. 当实验结果小于 50(0.1 mm)时,重复性实验的允许误差为 2(0.1 mm),再现性实验的允许误差为 4(0.1 mm)。

3. 当实验结果大于或等于 50(0.1 mm)时,重复性实验的允许误差为平均值的 4%,

再现性实验的允许误差为平均值的 8%。

(六)注意事项

1. 根据沥青的标号选择平底盛样皿,试样深度应大于预计针入深度 10 mm,以便防止针穿到底部碰坏针头。不同的盛样皿,其在恒温水浴中的恒温时间不同。

2. 当进行沥青试样针入度测定时,水温应控制在(25±1)℃范围内,试样表面以上的水层高度不低于 10 mm。

3. 在进行沥青试样针入度测定时,针尖应刚好与试样表面接触,必要时用放置在合适位置的光源反射来观察,使活杆与针连杆顶端相接触,调节针入度刻度盘,使指针为零。

4. 在 3 次重复测定中,各测点之间与盛样皿边缘之间的距离不应小于 10 mm。

5. 要求 3 次平行实验结果的最大值与最小值,应在规定的允许误差值范围内。若超过规定误差值,实验应重做。

(七)拓展与思考

1. 什么是沥青针入度?如何检测?对沥青的使用性能有什么影响?

2. PI 值的含义是什么?是用于表达什么指标的?

(八)试验记录

将实验结果填入表 1-20 中。

表 1-20　沥青针入度实验记录

编号	实验温度/℃	试针荷重/g	贯入时间/s	刻度盘初读数	刻度盘终读数	针入度(0.1 mm)	
						测定值	平均值
1							
2							
3							

实验日期:　　　　　测试:　　　　　记录:　　　　　计算:

二十四、沥青的延度测定

(一)实验目的

沥青的延性是当其受到外力的拉伸作用时,所能承受的塑性变形的总能力,通常是用延度作为条件延性指标来表征。延度是规定形态的沥青试样,在规定温度下以一定速度受拉伸至断开时的长度,以 cm 计。

（二）实验方法

1. 将隔离剂拌和均匀，涂于清洁干燥的试模底板和两个侧模的内侧表面，并将试模在试模底板上装妥。

2. 然后将试样自试模的一端至另一端往返数次缓缓注入模中，最后略高出试模。灌模时不得使气泡混入。

3. 试件在室温中冷却不少于1.5 h，然后用热刮刀刮除高出试模的沥青，使沥青面与试模面齐平。沥青的刮法应自试模的中间刮向两端，且表面应刮得平滑。将试模连同底板再放入规定实验温度的水槽中保温1.5 h。

4. 检查延度仪延伸速度是否符合规定要求，然后移动滑板使其指针正对标尺的零点。将延度仪注水，并保温达到实验温度±0.1 ℃。

（三）实验仪器设备

1. 延度仪：延度仪的测量长度不宜大于150 cm，仪器应有自动控温、控速系统，如图1–29所示。

2. 试模：黄铜制，由两个端模和两个侧模组成，试模内侧表面粗糙度 *Ra* 0.2。

3. 试模底板：玻璃板或磨光的铜板、不锈钢板（表面粗糙度 *Ra* 0.2）。

4. 恒温水槽：容量不少于10 L，控制温度的准确度为0.1 ℃。

5. 水槽中应设有带孔搁架，搁架距水槽底不得少于50 mm。试件浸入水中深度不小于100 mm。

6. 温度计：量程0～50 ℃，分度值0.1 ℃。

7. 砂浴或其他加热炉具。

8. 甘油滑石粉隔离剂（甘油与滑石粉的质量比2∶1）。

9. 其他：平刮刀、石棉网、酒精、食盐等。

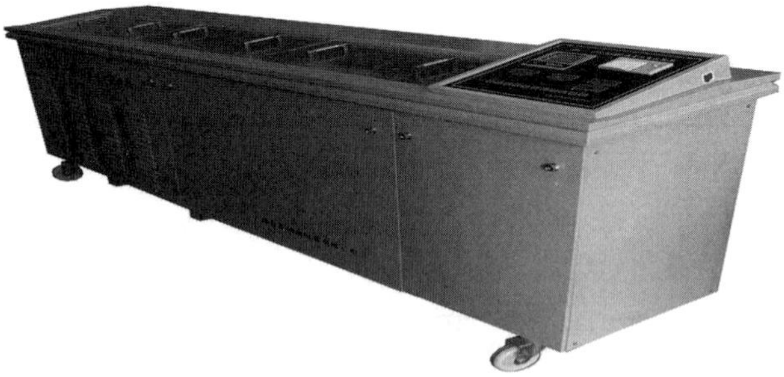

图1–29　沥青延度仪

（四）实验步骤

1. 将保温后的试件连同底板移入延度仪的水槽中，然后将盛有试样的试模自玻璃板或不锈钢板上取下，将试模两端的孔分别套在滑板及槽端固定板的金属柱上，并取下侧模。水面距试件表面应不小于25 mm。

2. 开动延度仪，并注意观察试样的延伸情况。此时应注意，在实验过程中，水温应始终保持在实验温度规定范围内，且仪器不得有振动，水面不得有晃动，当水槽采用循环水时，应暂时中断循环，停止水流。在实验中，当发现沥青细丝浮于水面或沉入槽底时，应在水中加入酒精或食盐，调整水的密度至与试样相近后，重新实验。

3. 试件拉断时，读取指针所指标尺上的读数，以 cm 计。在正常情况下，试件延伸时应成锥尖状，拉断时实际断面接近于零。如不能得到这种结果，则应在报告中注明。

（五）实验数据分析与处理

同一样品，每次平行实验不少于 3 个，如 3 个测定结果均大于 100 cm，实验结果记作“>100 cm”；特殊需要也可分别记录实测值。3 个测定结果中，当有一个以上的测定值小于 100 cm 时，若最大值或最小值与平均值之差满足重复性实验要求，则取 3 个测定结果的平均值的整数作为延度实验结果，若平均值大于 100 cm，记作“>100 cm”；若最大值或最小值与平均值之差不符合重复性实验要求时，实验应重新进行。

当实验结果小于 100 cm 时，重复性试验的允许误差为平均值的 20%，再现性试验的允许误差为平均值的 30%。

（六）注意事项

1. 在实验过程中，当发现沥青细丝浮于水面或沉入槽底时，应在水中加入酒精或食盐调节水的浓度，重做实验。

2. 隔离剂的使用是为了防止沥青粘在底板或侧模上，若原有的隔离剂调配偏稀或偏稠，可更新调整比例。隔离剂调配的原则是既能起到有效的防粘连作用，又不会因偏稀流淌或偏稠而减薄沥青试件的有效尺寸。

（七）拓展与思考

1. 沥青的延度和弹性恢复的概念是什么？有何区别？

2. 当沥青拉丝沉于槽底或飘于水面时，应如何处理？

3. 为什么延度仪的测定长度规定不大于 150 cm？

（八）实验记录

将实验结果填入表 1-21 中。

表 1-21　沥青延度实验数据记录（实验温度：____℃）

	延伸速度		
实验次数	1	2	3
延伸值/cm			
平均延度/cm			
评定结果：			

实验日期：　　　　测试：　　　　记录：　　　　计算：

二十五、沥青软化点测定

（一）实验目的

本方法适用于测定道路石油沥青、聚合物改性沥青的软化点，也适用于测定液体石油沥青、煤沥青蒸馏残留物或乳化沥青蒸发残留物的软化点。

（二）实验方法

1. 将试样环置于涂有甘油滑石粉隔离剂的试样底板上。将准备好的沥青试样徐徐注入试样环内至略高出环面为止。

2. 试样在室温冷却 30 min 后，用热刮刀刮除环面上的试样，应使其与环面齐平。

（三）实验仪器设备

1. 软化点试验仪，如图 1–30 所示。

图 1–30　软化点试验仪

2. 装有温度调节器的电炉或其他加热炉具（液化石油气、天然气等）。应采用带有振荡搅拌器的加热电炉，振荡子置于烧杯底部。

3. 当采用自动软化点仪时，各项要求应与 1 及 2 相同，温度采用温度传感器测定，并能自动显示或记录，且应对自动装置的准确件经常校验。

4. 试样底板：金属板（表面粗糙度应达 *Ra* 0.8）或玻璃板。

5. 恒温水槽：控温的准确度为±0.5 ℃。

6. 平直刮刀。

7. 甘油、滑石粉隔离剂(甘油与滑石粉的质量比为 2∶1)。

8. 蒸馏水或纯净水。

9. 其他:石棉网。

(四)实验步骤

1. 试样软化点在 80 ℃以下者:

(1)将装有试样的试样环连同试样底板置于装有(5±0.5)℃水的恒温水槽中至少 15 min,同时将金属支架、钢球、钢球定位环等亦置于相同水槽中。

(2)烧杯内注入新煮沸并冷却至 5 ℃的蒸馏水或纯净水,水面略低于立杆上的深度标记。

(3)从恒温水槽中取出盛有试样的试样环放置在支架中层板的圆孔中,套上定位环;然后将整个环架放入烧杯中,调整水面至深度标记,并保持水温为(5±0.5)℃。环架上任何部分不得附有气泡。将 0~100 ℃的温度计由上层板中心孔垂直插入,使端部测温头底部与试样环下面齐平。

(4)将盛有水和环架的烧杯移至放有石棉网的加热炉具上,然后将钢球放在定位环中间的试样中央立即开动电磁振荡搅拌器,使水微微振荡,并开始加热,使杯中水温在 3 min 内调节至维持每分钟上升(5±0.5)℃。在加热过程中,应记录每分钟上升的温度值,如温度上升速度超出此范围,则实验应重做。

(5)试样受热软化逐渐下坠至与下层底板表面接触时,立即读取温度,准确至0.5 ℃。

2. 试样软化点在 80 ℃以上者:

(1)将装有试样的试样环连同试样底板置于装有(32±1)℃甘油的恒温槽中至少 15 min,同时将金属支架、钢球、钢球定位环等亦置于甘油中。

(2)在烧杯内注入预先加热至 32 ℃的甘油,其液面略低于立杆上的深度标记。

(3)从恒温槽中取出装有试样的试样环,按上述 1 的方法进行测定,准确至 1 ℃。

(五)实验数据分析与处理

1. 同一试样平行实验两次,当两次测定值的差值符合重复性试验允许误差要求时,取其平均值作为软化点实验结果,准确至 0.5 ℃。

2. 当试样软化点小于 80 ℃时,重复性实验的允许误差为 1 ℃,再现性实验的允许误差为 4 ℃。

3. 当试样软化点大于或等于 80 ℃时,重复性实验的允许误差为 2 ℃,再现性实验的允许误差为 8 ℃。

(六)注意事项

1. 沥青试样高温黏稠,防止皮肤接触以免烫伤。

2. 严格按照规程操作,注意实验温度和实验时限操作的细节。

(七)拓展与思考

1. 什么是沥青软化点？沥青软化点对建筑沥青选材和工程质量评定有什么作用？

2. 在沥青实验过程中，水槽法实验和油浴法实验合适的条件各是什么？

(八)实验记录

将实验结果填入表1-22中。

表1-22　沥青软化点实验记录

编号	室温/℃	烧杯内液体种类	开始加热液体温度/℃	烧杯中液体温度上升至某时段(min)末的记录/℃										软化点/℃	平均值/℃
				1	2	3	4	5	6	7	8	9	10		

实验日期：　　　　测试：　　　　记录：　　　　计算：

二十六、闪燃点实验

(一)实验目的

本方法适用于克利夫兰开口杯(简称COC)测定黏稠石油沥青、聚合物改性沥青及闪点在79 ℃以上的液体石油沥青的闪点和燃点，以评定施工的安全性。

(二)实验方法

1. 将试样杯用溶剂洗净、烘干，装置于支架上。加热板放在可调电炉上，如用燃气炉时，加热板距炉口约50 mm，接好可燃气管道或电源。

2. 安装温度计，垂直插入试样杯中，温度计的水银球距杯底约6.5 mm，位置杆与点火器相对一侧距杯边缘约16 mm处。

3. 沥青试样按准备方法准备试样后，注入试样杯中至标线处，并使试样杯外部不沾有沥青。

4. 全部装置应置于室内光线较暗且无显著空气流通的地方，并用防风屏三面围护。

5. 将点火器转向一侧，实验点火，调节火苗成标准球的形状或成直径为(4±0.8) mm的小球形试焰。

(三)实验仪器设备

1. 克利夫兰开口杯式闪点仪,如图 1-31 所示。

图 1-31　克利夫兰开口杯式闪点仪

2. 克利夫兰开口杯。

3. 加热板:黄铜或铸铁制,直径 145 ~ 160 mm,厚约 6.5 mm,上有石棉垫板,中心有圆孔,以支承金属试样杯。

4. 温度计:量程 0 ~ 360 ℃,分度值 2 ℃。

5. 点火器:金属管制,端部为产生火焰的尖嘴,端部外径约 1.6 mm,内径为 0.7 ~ 0.8 mm,与可燃气体压力容器(如液化丙烷气或天然气)连接,火焰大小可以调节。

6. 铁支架:高约 500 mm,附有温度计夹及试样杯支架,支脚为高度调节器,使加热板保持水平。

7. 防风屏:金属薄板制,三面将仪器围住挡风,内壁涂成黑色,高约 600 mm。

8. 加热源附有调节器的 1 kW 电炉或燃气炉。

(四)实验步骤

1. 开始加热试样,升温速度迅速地达到 14 ~ 17 ℃/min。待试样温度达到预期闪点前 56 ℃时,调节加热器降低升温速度,以便在预期闪点前 28 ℃时能使升温速度控制在(5.5±0.5) ℃/min。

2. 试样温度达到预期闪点前 28 ℃时开始,每隔 2 ℃将点火器的试焰沿实验杯口中心以 150 mm 半径作弧水平扫过一次,从实验杯口的一边至另一边所经过的时间约 1 s。此时应确认点火器的试焰为直径(4±0.8) mm 的火球,并位于坩埚口上方 2 ~ 2.5 mm处。

3. 当试样液面上最初出现一瞬间即灭的蓝色火焰时,立即从温度计上读记温度,作为试样的闪点。

4. 继续加热,保持试样升温速度(5.5±0.5) ℃/min,并按上述操作要求用点火器点火实验。

5. 当试样接触火焰立即着火,并能继续燃烧不少于 5 s 时,停止加热,并读记温度计上的温度,作为试样的燃点。

(五)实验数据分析与处理

1. 同一试样至少平行实验两次，两次测定结果的差值不超过重复性实验允许误差8 ℃时，取其平均值的整数作为实验结果。

2. 当实验时大气压在95.3 kPa(715 mmHg)以下时，应对闪点或燃点的实验结果进行修正。当大气压为84.5～95.3 kPa(634～715 mmHg)时，修正值增加2.8 ℃；当大气压为73.3～84.5 kPa(550～634 mmHg)时，修正值增加5.5 ℃。

(六)注意事项

重复性实验的允许误差为：闪点8 ℃，燃点8 ℃

再现性实验的允许误差为：闪点16 ℃，燃点14 ℃。

二十七、含蜡量实验

(一)实验目的

本方法适用于采用裂解蒸馏法测定道路石油沥青中的蜡含量。

(二)实验方法

1. 将蒸馏烧瓶洗净、烘干后称其质量，准确至0.1 g，然后置干燥箱中备用。

2. 将150 mL或250 mL锥形瓶洗净、烘干、编号后称其质量，准确至0.1 mg，然后置干燥器中备用。

3. 将冷却装置各部分洗净、干燥，其中砂芯过滤漏斗用洗液浸泡后用蒸馏水冲洗干净，然后烘干备用。

4. 准备沥青试样。

5. 将高温炉预加热并控制炉内恒温(550±10)℃。

6. 在烧杯内备好碎冰水。

(三)实验仪器设备

1. 蒸馏烧瓶。

2. 自动制冷装置。

3. 蜡冷却过滤装置。

4. 蜡过滤瓶：类似锥形瓶，有一个分支，能够进行真空抽吸的玻璃瓶。

5. 立式可调高温炉：恒温(550±10)℃。

6. 分析天平：感量不大于0.1 mg、0.1 g各1台。

7. 温度计：量程-30～+60 ℃，分度值0.5 ℃。

8. 锥形烧瓶：150 mL或250 mL数个。

9. 玻璃漏斗：直径40 mm。

10. 真空泵。

11. 无水乙醚、无水乙醇:分析纯。

12. 石油醚(60 ~90 ℃):分析纯。

13. 工业酒精。

14. 干燥器。

15. 烘箱:控制温度(100±5)℃

16. 其他:电热套、量筒、烧杯、冷凝管、蒸馏水、燃气灯等。

(四)实验步骤

1. 向蒸馏烧瓶中装入沥青试样(m_b)(50±1) g,准确至0.1 g。用软木塞盖严蒸馏瓶。用已知质量的锥形瓶作接受器,浸在装有碎冰的烧杯中。

2. 将盛有试样的蒸馏瓶置于恒温(550±10)℃的高温电炉中,蒸馏瓶支管与置于冰水中的锥形瓶连接。随后蒸馏瓶底将渐渐烧红。

3. 调节加热强度(即调节蒸馏瓶至高温炉间距离或燃气灯火焰大小),从加热开始5 ~8 min 内开始初馏(支管端口流出第一滴馏分);然后以每秒两滴(4 ~5 mL/min)的流出速度继续蒸馏至无馏分油,瓶内蒸熘残留物完全形成焦炭为止。全部蒸馏过程必须在25 min 内完成。蒸馏完后支管中残留的馏分不应流入接受器中。

4. 将盛有馏分油的锥形瓶从冰水中取出,拭干瓶外水分,置室温下冷却称其质量,得到馏分油总质量(m_1),准确至0.05 g。

5. 将盛有馏分油的锥形瓶盖上盖子,稍加热熔化,并摇晃锥形瓶使试样均匀。加热时温度不要太高,避免有蒸发损失;然后,将熔化的馏分油注入另一已知质量的锥形瓶(250 mL)中,称取用于脱蜡的馏分油质量 1 ~3 g(m_2),准确至0.1 mg。估计蜡含量高的试样馏分油数量宜少取,反之需多取,使其冷冻过滤后能得到0.05 ~0.1 g 蜡,但取样量不得超过 10 g。

6. 准备好符合控温精度的自动制冷装置,向冷浴中注入适量的冷液(工业酒精),其液面比试样冷却筒内液面(无水乙醚-乙醇)高 100 mm 以上,设定制冷温度,使其冷浴温度保持在(-20±0.5) ℃。把温度计浸没在冷浴 150 mm 深处。

7. 将吸滤瓶、玻璃过滤漏斗、试样冷却筒和柱杆塞组成冷冻过滤组件,组装好。

8. 将盛有馏分油的锥形瓶注入 10 mL 无水乙醚,使其充分溶解;然后注入试样冷却筒中,用15 mL 无水乙醚分两次清洗盛油的锥形瓶,并将清洗液倒入试样冷却筒中;再将25 mL 无水乙醇注入试样冷却筒内与无水乙醚充分混合均匀。

9. 将冷冻过滤组件放入已经预冷的冷浴中,冷却 1 h,使蜡充分结晶。在带有磨口塞的试管中装入 30 mL 无水乙醚-无水乙醇(体积比 1 ∶ 1)混合液(作洗液用),并放入冷浴中冷却至(-20±0.5) ℃,恒冷 15 min 以后再使用。

10. 当试样冷却筒中溶液冷却结晶后,拔起柱杆塞,过滤结晶析出的蜡,并将柱杆塞用适当方法悬吊在试样冷却筒中,保持自然过滤 30 min。

11. 当砂芯过滤漏斗内看不到液体时,启动真空泵,使滤液的过滤速度为每秒 1 滴左右，抽滤至无液体滴落；再一次加入 30 mL 已冷却的无水乙醚-无水乙醇（体积比 1 ∶ 1）混合液，洗涤蜡层，柱杆塞及试样冷却筒内壁；继续过滤，当溶剂在蜡层上看不见时，继续抽滤 5 mm，将蜡中的溶剂抽干。

12. 从冷浴中取出冷冻过滤组件，取下吸滤瓶，将其中溶液倾入一回收瓶中。吸滤瓶也用无水乙醚-无水乙醇混合液冲洗 3 次，每次用 10 ~ 15 mL，洗液并入回收瓶中。

13. 将冷冻过滤组件（不包括吸滤瓶）装在过滤瓶上，用 30 mL 已预热至 30 ~ 40 ℃的石油醚将砂芯过滤漏斗、试样冷却筒和柱杆塞的蜡溶解，拔起柱杆塞，待漏斗中无溶液后，再用热石油醚溶解漏斗中的蜡两次，每次用量 35 mL；然后立即用真空泵吸滤，至无液体滴落。

14. 将吸滤瓶中蜡溶液倾入已称质量的锥形瓶中，并用常温石油醚分 3 次清洗吸滤瓶，每次用量 5 ~ 10 mL。洗液倒入锥形瓶的蜡溶液中。

15. 将盛有蜡溶液的锥形瓶放在适宜的热源上蒸馏到石油醚蒸发净尽后，将锥形瓶置温度为（105±5）℃的烘箱中除去石油醚；然后放入真空干燥箱［（105±5）℃、残压21 ~ 35 kPa］中 1 h。再置于干燥器中冷却 1 h 后称其质量，得到析出蜡的质量 m，准确至 0.1 mg。

16. 同一沥青试样蒸馏后，应从馏分油中取两个以上试样进行平行实验。当取两个试样实验的结果超出重复性实验允许误差要求时，需追加实验。当为仲裁性实验时，平行实验数应为 3 个。

（五）实验数据分析与处理

1. 蜡含量的计算。

$$P_P = \frac{m_1 \times m_w}{m_b \times m_2} \tag{1-31}$$

式中：P_p——蜡含量（%）；

m_b——沥青试样质量（g）；

m_1——馏分油总质量（g）；

m_2——用于测定蜡的馏分油质量（g）；

m_w——析出蜡的质量（g）。

2. 所进行的平行实验结果的最大值与最小值之差符合重复性实验误差要求时，取其平均值作为蜡含量结果，精确至 1 位小数（%）；当超过重复性实验误差时，以分离得到的蜡的质量（g）为横轴，蜡的质量百分率为纵轴，按直线关系回归求出蜡的质量为 0.075 g 时蜡的质量百分率，作为蜡含量结果，准确至 1 位小数（%）。

3. 允许误差。蜡含量测定时重复性或再现性试验的允许误差如表 1-23 所示：

表 1-23　蜡含量测定时重复性或再现性试样的允许误差

蜡含量/%	重复性/%	再现性/%
0 ~ 1.0	0.1	0.3
1.0 ~ 3.0	0.3	0.5
>3.0	0.5	1.0

（六）注意事项

1. 沥青蜡含量实验，优先推荐使用先进的设备仪器，传统实验方法仍然在普遍使用，在使用时应该兼顾统筹，注意保证实验精度。

2. 在沥青蜡含量测定过程中，应注意的问题较多：如裂解蒸馏的速率、馏出物初馏时间、馏出物取样量、冷洗剂加入量、试剂（乙醇）浓度、漏斗孔径、砂芯漏斗滤板清洁度、抽滤过程真空度及在试验过程中人为操作的精度等。

3. 在沥青材料中，蜡含量对路用沥青性能极为不利。蜡含量检测实验是一项极为重要的工作，造成检测误差的因素有人、机料、方法、环境等多种。

（七）拓展与思考

1. 沥青蜡含量对工程质量的影响有哪些？合格标准是多少？

2. 沥青蜡含量试验应注意的问题有哪些？

（八）试验记录

将实验结果填入表 1-24 中。

表 1-24　含蜡量实验记录表

取样地点			记录人		
样品编号			样品名称		
序号	沥青试样质量 m_b	馏分油总质量	用于测定蜡的馏分油质量 m_2/g	析出蜡的质量 m_w/g	沥青试样蜡含量 P_p/%	蜡含量平均值 P_p/%

二十八、沥青混合料马歇尔稳定度实验

（一）实验目的

本方法适用于马歇尔稳定度实验和浸水马歇尔稳定度实验，以进行沥青混合料的配

合比设计或沥青路面施工质量检验。浸水马歇尔稳定度实验(根据需要,也可进行真空饱水马歇尔实验)供检验沥青混合料受水损害时抵抗剥落的能力时使用,通过测试其水稳定性检验配合比设计的可行性。

(二)实验方法

1. 标准马歇尔试件尺寸应符合直径(101.6±0.2) mm、高(63.5±1.3) mm 的要求。对大型马歇尔试件,尺寸应符合直径(152.4±0.2) mm、高(95.3±2.5) mm 的要求。一组试件的数量不得少于 4 个。

2. 量测试件的直径及高度:用卡尺测量试件中部的直径,用马歇尔试件高度测定器或用卡尺在十字对称的 4 个方向量测离试件边缘 10 mm 处的高度,准确至 0.1 mm,并以其平均值作为试件的高度。如试件高度不符合(63.5±1.3) mm 或(95.3±2.5) mm 要求或两侧高度差大于 2 mm,此试件应作废。

3. 按相关规程规定的方法测定试件的密度,并计算空隙率、沥青体积百分率、沥青饱和度、矿料间隙率等体积指标。

4. 将恒温水槽调节至要求的试验温度,黏稠石油沥青或烘箱养生过的乳化沥青混合料为(60±1) ℃,煤沥青混合料为(33.8±1) ℃,空气养生的乳化沥青或液体沥青混合料为(25±1) ℃。

(三)实验仪器设备

1. 沥青混合料马歇尔试验仪:分为自动式和手动式。自动式马歇尔试验仪应具备控制装置、记录荷载-位移曲线、自动测定荷载与试件的垂直变形,能自动显示和存储或打印实验结果等功能。手动式由人工操作,实验数据通过操作者目测后读取数据。对于高速公路和一级公路的沥青混合料宜采用自动马歇尔试验仪。如图 1-32 所示。

2. 恒温水槽:控温准确至 1 ℃,深度不小于 150 mm。

3. 真空饱水容器:包括真空泵及真空干燥器。

4. 烘箱。

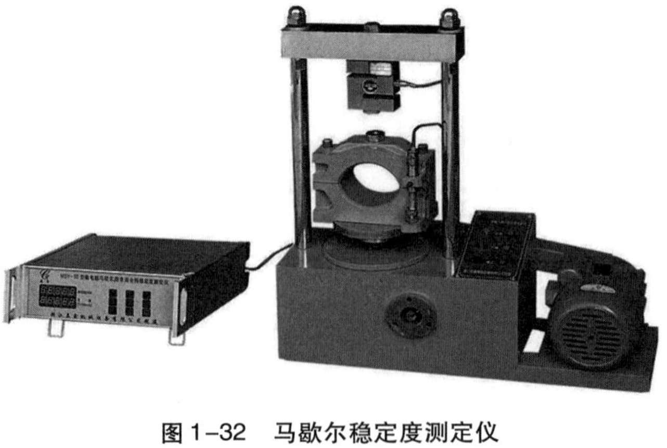

图 1-32　马歇尔稳定度测定仪

5. 天平:感量不大于 0.1 g。

6. 温度计:分度值 1 ℃。

7. 卡尺。

8. 其他:棉纱、黄油。

(四)实验步骤

1. 将试件置于已达规定温度的恒温水槽中保温,标准马歇尔试件保温时间为 30 ~ 40 min,大型马歇尔试件为 45 ~60 min。试件之间应有间隔,底下应垫起,距水槽底部不小于 5 cm。

2. 将马歇尔试验仪的上下压头放入水槽或烘箱中达到同样温度。将上下压头从水槽或烘箱中取出擦拭干净内面。为使上下压头滑动自如,可在下压头的导棒上涂少量黄油。再将试件取出置于下压头上,盖上上压头,然后装在加载设备上。

3. 在上压头的球座上放妥钢球,并对准荷载测定装置的压头。

4. 当采用自动马歇尔试验仪时,将自动马歇尔试验仪的压力传感器,位移传感器与计算机或 X-Y 记录仪正确连接,调整好适宜的放大比例,压力和位移传感器调零。

5. 当采用压力环和流值计时,将流值计安装在导棒上,使导向套管轻轻地压住上压头,同时将流值计读数调零。调整压力环中百分表,对零。

6. 启动加载设备,使试件承受荷载,加载速度为(50±5) mm/min。计算机或 X-Y 记录仪自动记录传感器压力和试件变形曲线并将数据自动存入计算机。

7. 当实验荷载达到最大值的瞬间,取下流值计,同时读取压力环中百分表读数及流值计的流值读数。

8. 从恒温水槽中取出试件至测出最大荷载值的时间,不得超过 30 s。

浸水马歇尔实验方法与标准马歇尔实验方法的不同之处在于,试件在已达规定温度恒温水槽中的保温时间为 48 h,其余步骤均与标准马歇尔实验方法相同。

(五)实验数据分析与处理

1. 采用自动马歇尔试验仪时,将计算机采集的数据绘制成压力和试件变形曲线,或由 X-Y 记录仪自动记录的荷载-变形曲线,按图 1-33 所示的方法在切线方向延长曲线与横坐标相交于 O_1,将 O_1 作为修正原点,从 O_1 起量取相应于荷载最大值时的变形作为流值(FL),以 mm 计,准确至0.1 mm。最大荷载即为稳定度(MS),以 kN 计,准确至 0.01 kN。

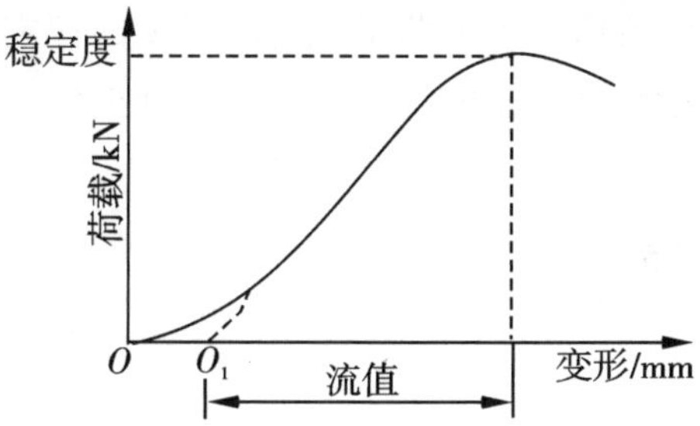

图 1-33　荷载-变形曲线

2. 采用压力环和流值计测定时，根据压力环标定曲线，将压力环中百分表的读数换算为荷载值，或者由荷载测定装置读取的最大值即为试样的稳定度(MS)，以 kN 计，准确至0.01 kN。由流值计及位移传感器测定装置读取的试件垂直变形，即为试件的流值(FL)，以 mm 计，准确至0.1 mm。

3. 试件的马歇尔模数按公式(1-32)计算：

$$T=\frac{\mathrm{MS}}{\mathrm{FL}} \tag{1-32}$$

式中：T——试件的马歇尔模数(kN/mm)；

MS——试件的稳定度(kN)；

FL——试件的流值(mm)。

4. 试件的浸水残留稳定度按公式(1-33)计算：

$$\mathrm{MS}_0=\frac{\mathrm{MS}_1}{\mathrm{MS}}\times 100\% \tag{1-33}$$

式中：MS_0——试件的浸水残留稳定度(%)；

MS_1——试件浸水 48 h 后的稳定度(kN)。

5. 当一组测定值中某个测定值与平均值之差大于标准差的 k 倍时，该测定值应予舍弃，并以其余测定值的平均值作为实验结果。当试件数目 n 为 3、4、5、6 时，k 值分别为1.15、1.46、1.67、1.82。

(六)注意事项

1. 当采用自动马歇尔试验仪时，试验结果应附上荷载-变形曲线原件或打印结果，并注意报告马歇尔稳定度、流值，马歇尔模数以及试件尺寸，试件的密度、空隙率、沥青用量、沥青体积百分率、沥青饱和度、矿料间隙率等各项物理指标。

2. 沥青混合料稳定度和流值的关系是：根据应力环标定曲线，将应力环中百分表读数换算成荷载值，即为试件的稳定度，精确至0.01 kN；流值计中的读数，即为试件的流值，精确至0.1 mm。

3. 马歇尔沥青混合料实验，广泛应用于世界各国的热拌、热铺沥青混合料设计中。

随着材料技术的发展和交通环境的变化，马歇尔实验已经表现出一些早已为工程实践证实的不足，如击实方法不能反映交通量的变化、稳定度指标的力学意义不明确等。

(七)拓展与思考

1. 什么是马歇尔稳定度流值？对道路工程材料质量的评定有何作用？

2. 沥青混合料马歇尔稳定度实验的优点和缺点是什么？

(八)实验记录

将实验结果填入表1-25中。

表 1-25　沥青混合料马歇尔稳定度和流值实验记录

试件编号	油石比 /%	试件十字对称的 4 个方向高度 h_i/mm				试件平均高度 h/mm	稳定度 MS /kN	流值 FL /mm	马歇尔模数 T /(kN/mm)

实验日期：　　　　　　测试：　　　　　　记录：　　　　　　计算：

第2章　工程测量实习指导

一、实习的一般要求

(一)总则

1. 测量实习一般以小组进行,由组长负责组织、协调好实习的各项工作。组员应积极参与、各司其职、密切配合完成测量作业。

2. 测量实习作业前,小组各成员应及时预习教师发给的指导性资料,明确作业内容、作业计划、分工和各项准备工作。

3. 测量实习作业中,每一个成员都应将作业安全放在第一位,对测区的不安全因素应有全面的预判,并做好相应的规避措施,确保人员和仪器安全,做到无丢失、无损坏。

4. 必须按要求规范操作测量仪器,杜绝野蛮操作。

5. 作业过程中,组长应做工作日志,记录小组工作完成情况和组员的分工。组员也应做好测量数据的记录,必须真实可靠,不得随意涂改,以便为实习报告撰写积累素材。

(二)仪器借领

1. 实习班级应统一前往实习室借领仪器设备。领取仪器以小组为单位,各组组长具体负责。

2. 借领仪器时应按仪器编号领取,当场清点数量和检查仪器缺损情况后,发现问题立即报告并及时补领或更换。

3. 每组借领仪器后,应按照以下项目检核所借仪器:

(1)箱盖是否关妥、锁好。

(2)背带、提手是否结实牢固。

(3)三脚架与仪器是否相配,三脚架各部分是否完好,三脚架腿伸缩处的连接螺旋是否滑丝,必须防止因三脚架未架牢而摔坏仪器,或因三脚架不稳而影响作业。

(4)仪器外观是否完好、有无破损或损坏;仪器提手是否松动或损坏;仪器照准部与基座的连接螺旋是否锁紧。

(5)仪器脚螺旋、制动螺旋、微动螺旋、望远镜目镜、物镜及内部十字丝等结构是否完好。

(6)标尺外观有无裂痕、弯曲或破损,扶手、圆气泡是否完好等。

(三)仪器使用

仪器箱多为薄木板、薄铁皮或成型塑料制成,不能承重,故不可蹬、坐仪器箱,不能用力磕碰。无论是否空箱,仪器箱都应合上并扣上。仪器箱应放在安全地方。仪器交接不能递接，应装箱、扣好、放置安全处，相互交代清楚。

1. 开箱取仪器时注意事项

（1）仪器箱应平放在地面上或其他台子上才能开箱，不要托在手上或抱在怀里开箱，以免将仪器摔坏。

（2）开箱后未取出仪器前，要注意仪器在箱内的安放位置与方向，以免用完装箱时，因安放位置不正确而损坏仪器。

（3）不论何种仪器，在取出前一定要先放松制动螺旋，以免取出仪器时因强行扭转而损坏制动、微动装置，甚至损坏轴系。

（4）自箱内取出仪器时，应用两只手同时握住基座和照准部分，轻拿轻放。不能只用一只手抓仪器，更不准拿着望远镜将仪器拎出来。

（5）自箱内取出仪器后，要随即将仪器箱盖上、扣紧、锁好，以免沙土、杂草等物进入箱内。不能把粉笔等随便放入仪器箱中。避免搬动仪器时丢失附件。

（6）取仪器和使用过程中，应注意避免触摸仪器的目镜、物镜，以免沾污，影响成像质量。不允许用手指或手帕等擦拭仪器的目镜、物镜等光学部分。

2. 架设仪器时的注意事项

（1）伸缩式脚架三条腿抽出后，要把固定螺旋拧紧，但不可用力过猛而造成螺旋滑丝；防止因螺旋未拧紧而使脚架自行收缩而摔坏仪器。三条腿拉出的长度要适中。

（2）架设脚架时，三条腿分开的跨度要适中，并得太靠拢容易被碰倒，分得太开容易滑开，都会造成事故。若在斜坡上架设仪器，应使两条腿在坡下（可稍放长），一条腿在坡上（可稍缩短），若在光滑地面上架设仪器，要采取安全措施（例如用细绳将三脚架连接起来），防止三脚架的腿滑动摔坏仪器。

（3）在三脚架安放稳妥并将仪器放到三脚架上后，应立即旋紧仪器和脚架间的中心连接螺旋，避免仪器从三脚架上掉下摔坏。旋紧时要有力感，不能生猛用力。

（4）全站仪是一种贵重仪器，使用中应格外小心。在旋紧连接螺旋前，操作员的手不能离开仪器把手。在对中整平过程中，尤其在松开三脚架腿上的锁紧螺旋时，操作员一定要用手握紧三脚架腿，防止仪器滑落。

3. 仪器在使用过程中的注意事项

（1）观测员是仪器安全的责任人，观测员应始终守护着仪器，确保仪器在人的一手臂范围内，不能离开做其他事情，如查看记录情况等。特殊情况下，操作者可请人代管，但须向其交代清楚。记录员等其他人应离开仪器1 m以上，以免影响观测员的操作和踢碰仪器。

（2）操作仪器时用力要均匀、温柔，动作要准确、轻捷，用力过大或动作太猛都会造成仪器损伤。脚螺旋、微动螺旋宜旋至中间部位，不准强行扭动。用手旋转仪器前，必须松开仪器的水平或竖直制动螺旋。

（3）阳光下或小雨天作业时，必须支撑测伞，以防止仪器直接暴晒或雨淋。

（4）如遇目镜、物镜外表面蒙上水汽而影响观测，应稍等一会儿或用纸片扇风使水汽散尽蒸发，勿用其他东西去擦拭，以免细微的沙粒擦伤镜面。

(5)观测结束后，可用毛刷或绒布擦去仪器上的灰尘。

(6)收测时，三脚架腿上的锁紧螺旋不要旋得太紧。阴雨潮湿天气之后，遇晴天测量，太阳直射三脚架腿会导致锁紧螺旋松开，因此应及时检查，及时旋紧，并重新整平仪器。

(7)清点箱内附件，若无缺失则将箱盖盖上、扣紧、锁好。

4. 仪器迁站时的注意事项

(1)在远距离迁站或通过行走不便的地区时，必须将仪器装箱后再迁站。全站仪等贵重仪器一般须装箱后再迁站。

(2)水准仪可连同三脚架一起搬迁。迁站特别近时，经纬仪或全站仪也可连同三脚架一起搬迁。

(3)仪器连同三脚架一起搬迁时，首先应检查连接螺旋是否旋紧，松开各制动螺旋，再将三脚架腿收拢，然后一手托住仪器的支架或基座，一手抱住脚架，要像抱婴儿一样稳步行走。搬迁时切勿跑行，防止摔坏仪器。严禁将仪器横扛在肩上搬迁。

(4)仪器在长途搬运过程中，应装入专门的运输箱内，并用防潮、防震的措施和标识。

(5)无论迁站还是收测，都要清点仪器、器材和附件，如有缺少，应立即寻找。

5. 仪器装箱时的注意事项

(1)仪器使用完毕，应及时盖上物镜盖，清除仪器表面的灰尘和仪器箱、三脚架上的泥土。

(2)仪器装箱前，要先松开各制动螺旋，将脚螺旋调至中段并使大致等高。然后一手握住支架或基座，另一手将中心连接螺旋旋开，双手将仪器从脚架上取下放入仪器箱内。

(3)仪器装入箱内要试盖一下，若箱盖不能合上，说明仪器未正确放置，应重新放置，严禁强压箱盖，以免损坏仪器。在确认安放正确后再将各制动螺旋略微旋紧，防止仪器在箱内自由转动而损坏某些部件。

(4)清点箱内附件，若无缺失则将箱盖盖上、扣好搭扣、上锁。

6. 测量工具的使用

(1)使用钢尺时，应防止扭曲、打结，避免行人踩踏或车辆碾压，以免折断钢尺。携尺前进时，不得在地面上拖拽，以免钢尺尺面刻划磨损。使用完毕，应将钢尺擦净并涂油防锈。

(2)使用皮尺时应避免沾水，若受水浸，应晾干后再卷入皮尺盒内。收卷皮尺时，切忌扭转卷入。

(3)水准标尺、棱镜杆、三脚架等，应注意防止受横向压力，不得将其斜靠在墙上、树上或电线杆上，以防倒下摔断。也不允许在地面上拖拽或作标枪投掷，更不能用于挑重物。水准标尺、棱镜杆等目标旁不能离人。

(4)小件工具如垂球、尺垫等，应用完即收，以防遗失。

(5)水准标尺、棱镜杆、三脚架等也不能坐人，不用时应平放在安全地方。

(四)观测手簿的记录要求

1. 记录字体

1234567890

(1)略微向右倾斜,符合书写习惯;

(2)“1”起笔应带钩,但钩不宜太长;

(3)“7”的拐角应带棱,一笔到底,竖笔应有一定斜度;

(4)“8”应一笔写成,起笔、停笔在右上角并留有缺口;

(5)“9”的缺口也留在右上角,可防止由“0”改“9”。

2. 观测手簿

(1)外业观测记录必须在有编号、装订成册的手簿上进行,不得用其他纸张记录再行转抄。

(2)所有记录与计算均用铅笔(2H,夏天用 3H)记录。字体应端正清晰,字高应稍大于格子的一半。一旦记录中出现错误,便可在留出的空隙处对错误的数字进行更正。

(3)一切外业原始观测值和记事项目,必须在现场用铅笔直接记录在手簿中。

(4)有正、负意义的量,如高差、坐标增量等,记录计算时,都应带“+”“-”号,正号“+”不应省略。

(5)在同一测站内不得有两个相关数字“连环更改”,否则应重测。例如,若已修改了平均数,则不准再改计算得此平均数之任何一原始数。若已改正了一个原始读数,则不准再改其平均数。假如两个读数均错误,则应重测重记。

(6)外业手簿中,禁止擦拭、涂改与挖补。发现错误应在错误处用横线划去,将正确数字写在原数上方,不得使原字模糊不清。淘汰记录整个部分时可用斜线划去,保持被淘汰的数字仍然清晰。

(7)作业人员应在手簿的相应栏内签名,并填注作业日期、开始及结束时刻、天气及观测情况和使用仪器型号等。

(8)作业手簿必须经过作业小组认真检查确认合格后,方可运用该成果进行内业计算。

(9)原始观测之尾部读数不准更改,应将该部分观测结果废去重测。废去重测的范围见表 2-1:

表 2-1　观测结果废去重测的范围

测量类型	不准更改的部位	应重测的范围
水平角	“′”“″”的读数	一测回
竖角	“′”“″”的读数	一测回
量距	cm、mm 的读数	一尺段
水准	cm、mm 的读数	一测站

(10)记录的数字应写齐规定之个数,要求见表2-2:

表2-2 记录数字的规定

测量类型	数字单位	记录字数
水准测量	mm	4
角度测量	′	2
角度测量	″	2

如水准测量中读数325毫米,应记为0325;角度测量中4°3′6",应记为4°03′06"。

(11)外业的记录及计算部分取位见表2-3。

表2-3 水准测量时及计算部分取位

视距	视距总和	中丝读数	高差中数	高差总和
0.1 m	0.1 km	1 mm	0.1 mm	1 mm

角度测量:J6级经纬仪估读到6″,其他情况均估读到1″。

(五)资料的保密

测绘工作中所有观测记录、计算成果及图件均属于国家保密资料,应妥善保管,任何单位和个人均不得乱扔乱放,更不得丢失和作为废品卖掉,所有报废的资料需经有关保密机构同意,并在其监督下统一销毁。测绘内业中生产或科研所用未公开的测绘数据、资料也都属于国家秘密,要按有关规定进行存放、使用和按有关密级要求进行保密。另外,在内业作业时特别需要注意的是磁盘文件的可覆盖性和不可恢复性。使用计算机要养成良好的习惯,在对一个文件进行处理之前首先要备份,作业过程中注意随时存盘,作业结束后要及时备份和上交资料。每过一段时间要清理所有陈旧的备份文件。

二、水准仪的认识、使用与 i 角检测

(一)实习目的

1. 了解水准仪的基本构造、认清其主要部件的名称及作用。
2. 掌握水准仪的安置、整平、瞄准及读数。
3. 掌握利用水准仪测定地面上两点间高差的方法。
4. 掌握水准仪 i 角检测的方法。

(二)实习要求

每人用双仪器高法或双面尺法观测、记录、计算两点间的高差,两次高差之差不得超过±5 mm,每组测定出本组所用水准仪 i 角。

（三）实习仪器设备

1. 水准仪 1 套；

2. 水准尺 2 把；

3. 记录板 1 个；

4. 其他：测伞、铅笔、皮尺等。

（四）实习步骤

1. 安置仪器：架设三脚架，使其高度适当，架头大致水平，将架腿踩实，从仪器箱中取出水准仪，将其连接在三脚架上。

2. 认识仪器：对照实物了解水准仪的基本构造、主要部件名称及作用、水准尺的刻划、标注规律及读数方法。

3. 使用仪器：

（1）整平：先用双手按相对（或相反）方向旋转一对脚螺旋，观察圆水准器气泡移动方向与左手拇指运动方向之间运行规律，再用左手旋转第三个脚螺旋，经过反复调整使圆水准器气泡居中。

（2）瞄准：先将望远镜对准明亮背景，旋转目镜调焦螺旋，使十字丝清晰；再用望远镜瞄准器照准竖立于测点的水准尺，旋转对光螺旋进行对光；最后旋转水平微动螺旋，使十字丝的竖丝位于水准尺中线位置上或尺边线上，完成对光，并消除视差。

（3）读数：用十字丝中丝读取米、分米、厘米，估读出毫米位数字，并用铅笔记录。

4. 测定地面两点间的高差：

（1）在地面上选 2 个距离为 70 m 左右比较坚固的点 A、B，做上标志；

（2）在 A、B 两点之间安置水准仪，使仪器至 A、B 两点的距离大致相等；

（3）整平、瞄准后分别读取 A 点水准尺上的读数为后视读数，B 点水准尺上的读数为前视读数；

（4）计算 A、B 两点之间的高差：h_1 = 后视读数 − 前视读数；

（5）变动仪器高度（不小于 100 mm）再测一次高差。

5. i 角检测：

（1）如图 2-1 所示，在前一步测定 A、B 两点高差 h_1 的基础上，将仪器搬到 A、B 两点之间且距 B 点约 2 m 的地点，整平仪器后分别读取 A、B 两点上水准标尺的读数 a_2 和 b_2，得 A、B 两点间的高差 $h_2 = a_2 - b_2$。

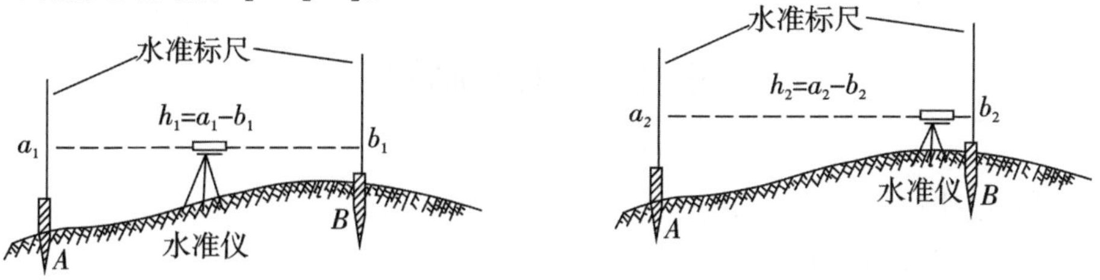

图 2-1　i 角检测

(2)计算 i 角，$i=\dfrac{h_2-h_1}{d_{AB}}\rho''$，$\rho''=206265''$，$d_{AB}$ 为 A、B 两点之间的水平距离。

(五)注意事项

1. 三脚架应支在平坦、坚固的地面上，架腿制动螺旋应紧固，整个三脚架应稳定。视线不宜过长(<100 m)，也不宜过短(>10 m)。

2. 水准仪安放到三脚架上必须立即将中心连接螺旋旋紧，防止仪器滑落。

3. 立尺时，应站在水准尺后，双手扶尺，水准尺要竖直。

4. 在读数前，注意消除视差。

5. 要边观测、边记录、边计算，记录应使用铅笔。严格按照规定，误差超限必须重测。

水准仪的认识与使用

(六)实习记录与计算

将实验结果填入表 2-4 中。

表 2-4　两点高差水准测量、i 角检测记录与计算表

仪器型号:________　仪器编号:________　观测者:________　记录者:________

日期:__________　时间:__________　天气:__________　成像:__________

测站	后视点/前视点	视距/m	水准尺读数/mm	高差/m	平均高差/m
i 角计算	$i=\dfrac{h_2-h_1}{d_{AB}}\rho''=$				

三、工程水准测量

(一)实习目的

1. 掌握工程水准测量的布设。

2. 掌握工程水准测量的施测方法。

3. 掌握工程水准测量手簿的记录及平差计算方法。

（二）实习要求

要求每组完成一条附合或闭合水准路线，水准路线的长度不得小于 0.8 km，水准路线闭合差不得超过$\pm 40\sqrt{L}$ mm（L 为路线长度，以 km 为单位），每人至少完成一个测段的观测、记录和扶标尺工作，每人独立完成一份工程水准测量的平差计算。

（三）实习仪器设备

1. 自动安平水准仪 1 套；
2. 水准尺 2 把；
3. 记录板 1 个；
4. 其他：尺垫、测伞、铅笔、皮尺等。

（四）实习步骤

1. 从教师指定的一个已知水准点出发，选定一条闭合水准路线，其长度以安置 8 个测站为宜。

2. 工程水准测量施测方法：

（1）以已知水准点作为后视点，在施测方向上选取第一个转点作为前视点，在距后、前视点距离大致相等的位置安置水准仪，在后视点、前视点上分别竖立水准尺，转点上应放置尺垫。

（2）在测站上，观测员对水准仪进行粗平，然后瞄准后视尺，读数，记录；瞄准前视尺，读数，记录，并立即计算高差。以上为第一个测站的全部工作。

（3）第一测站观测结束之后，后标尺向前转移至第二个转点或待求高程点，并将仪器迁至第二测站。此时，第一测站的前视点便成为第二测站的后视点。然后，按照第一测站相同的工作程序进行第二测站的工作。依次沿水准路线方向施测直至回到起始已知水准点为止。

（4）计算闭合水准路线的高差闭合差，如果超限，应重新测量。

3. 进行内业成果的整理和平差计算，求出各待求点高程。

（五）注意事项

1. 尺垫只能放在转点处，已知水准点和待测点上不得放置尺垫，仪器搬迁时，前视点上尺垫不得移动。

2. 短距离搬站时一手托住仪器，一手握住三脚架稳步前行，长距离搬站时仪器必须装箱携带。

3. 同一测站，圆水准器只能整平一次。

4. 在读数前，注意消除视差。

5. 要边观测、边记录、边计算，记录应使用铅笔。严格按照规定，误差超限必须重测。

（六）实习记录与计算

将实习结果填入表 2-5 和表 2-6 中。

表 2-5 工程水准测量记录与计算表

仪器型号:________ 仪器号码:________ 观测者:________ 记录者:__________

日期:____________ 时间:____________ 天气:__________

测站	后视点/前视点	视距/m	水准尺读数/mm	高差/m

表 2-6　工程水准测量平差计算表

计算者:______　　检核者:______　　日期:______

点号	实测高差/m	距离/km	高差改正数/mm	改正后高差/m	高程/m
Σ					
辅助计算					

四、全站仪的认识与使用

(一)实习目的

1. 了解全站仪的基本构造、认清其主要部件的名称及作用。
2. 掌握全站仪的基本操作。

(二)实习要求

小组每个成员独自练习,掌握全站仪的安置方法。

(三)实习仪器设备

1. 全站仪 1 台;
2. 棱镜 1 套;

3. 三脚架1个。

(四)实习步骤

1. 安置仪器：架设三脚架，使其高度适当，架头大致水平，将架腿踩实，从仪器箱中取出全站仪，将其连接在三脚架上。

2. 认识仪器：对照实物了解全站仪的基本构造、主要部件名称及作用、开关机、键盘功能与信息显示。

3. 使用仪器：

(1)对中、整平：

粗对中：手握三脚架，观察地面的下激光点，移动三脚架，使对中标志基本对准测站点标志中心，脚尖踩入土中；

粗平：伸缩脚架腿，圆水准气泡居中；

精平：旋转脚螺旋，使管水准气泡居中；

精对中：松动仪器连接螺旋，平移仪器再次精确对中并紧固螺旋；

精平：旋转脚螺旋，使管水准气泡居中；

直到对中、整平满足要求为止。

(2)瞄准：

目镜调整：取下望远镜镜盖、将望远镜对准天空，通过望远镜观察，调整目镜旋钮，使分划板十字丝最清晰。

照准目标的步骤：用粗瞄准器的准星对准目标，调整望远镜调焦旋钮，直至看清目标，旋紧水平与垂直制动旋钮，微调两微动旋钮，将十字丝中心精确照准目标，这时眼睛左右上下轻微移动观察，若目标与十字丝两影像间有相对移位现象，则应该再微调望远镜调焦旋钮，直至两影像清晰且相对静止时止。

尽量瞄准目标下部，减少由于目标不垂直引起的方向误差。

(五)注意事项

1. 全站仪是目前价格较昂贵的先进测量仪器之一，在使用时必须严格遵守操作规程，注意爱护仪器，操作仪器螺旋时，必须适度旋紧。

2. 在安装和拆卸仪器时，一定要一手握仪器，一手操作中心螺旋，必须及时将中心螺旋旋紧。

3. 在阳光下使用全站仪测量时，一定要撑伞遮掩仪器，严禁用望远镜对准太阳等强光源。

4. 禁止用手及纸巾触摸、擦拭仪器物镜镜面。

5. 在装卸电池时，必须先关断电源。

全站仪的认识与使用

五、测回法水平角观测

(一)实习目的

1. 进一步理解水平角的概念。
2. 掌握用经纬仪(或全站仪)按测回法观测水平角及记录、计算方法。

(二)实习要求

小组每个成员独自完成一个测站水平角的观测,限差要符合表 2-7 规定。

表 2-7　限差规定

仪器精度等级	半测回互差限差/″	各测回互差限差/″
2″级仪器	≤20	≤15
6″级仪器	≤40	≤24

(三)实习仪器设备

1. 经纬仪或全站仪 1 台;
2. 测钎 2 支;
3. 记录板 1 个;
4. 其他:测伞、铅笔等。

(四)实习步骤

在一个测站上对 2 个目标进行两测回的测回法观测,如图 2-2 所示。

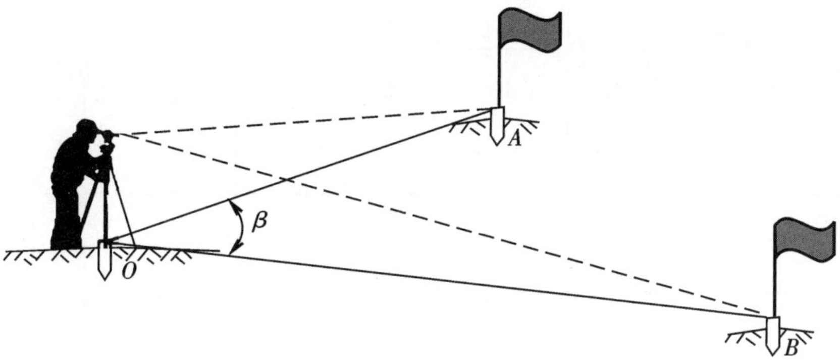

图 2-2　测回法观测略图

1. 选合适地点,在地面设十字标志 O;
2. 在 O 点安置全站仪(对中、整平);

3. 望远镜对天空，目镜调焦，调清楚十字丝分划板；

4. 目镜调焦，盘左照准目标点 A，水平度盘置零，记录水平度盘读数；

5. 松开水平制动螺旋，顺时针转向目标点 B，读水平度盘读数，记录；

6. 松开水平制动螺旋，盘右照准目标点 B，读水平度盘读数，记录；

7. 松开水平制动螺旋，逆时针照准目标点 A，读水平度盘读数，记录；

8. 检查上、下半测回互差是否超限，若未超限，计算水平角角值。

以上 4 ~ 8 为测回法一测回观测。同样的顺序进行第二测回观测，盘左照准零方向时，水平度盘读数应设置成 $\frac{180^\circ}{n}(j-1)=\frac{180^\circ}{2}(2-1)=90^\circ$ 。当水平角测回互差合限时取平均作为最后观测成果，否则，需补测。

（五）注意事项

1. 应选择距离稍远、易于照准的清晰目标作为起始方向。

2. 观测过程中，若照准部水准管气泡偏离居中位置，其值不得大于一格。同一测回内若气泡偏离居中位置大于一格，则该测回应重测。不允许在同一个测回内重新整平仪器。不同测回，则允许在测回间重新整平仪器。

（六）实习记录与计算

将实验结果填入表 2-8 中。

表 2-8　测回法记录与计算表

仪器型号：________　仪器号码：________　观测者：________　记录者：________

日期：__________　时间：__________　天气：__________

<table>
<tr><th>测站</th><th>测回数</th><th>竖盘位置</th><th>目标</th><th>水平度盘读数
/° ′ ″</th><th>半测回角值
/° ′ ″</th><th>一测回角值
/° ′ ″</th><th>各测回平均角值
/° ′ ″</th></tr>
<tr><td rowspan="8"></td><td rowspan="4"></td><td rowspan="2"></td><td></td><td></td><td rowspan="2"></td><td rowspan="4"></td><td rowspan="8"></td></tr>
<tr><td></td><td></td></tr>
<tr><td rowspan="2"></td><td></td><td></td><td rowspan="2"></td></tr>
<tr><td></td><td></td></tr>
<tr><td rowspan="4"></td><td rowspan="2"></td><td></td><td></td><td rowspan="2"></td><td rowspan="4"></td></tr>
<tr><td></td><td></td></tr>
<tr><td rowspan="2"></td><td></td><td></td><td rowspan="2"></td></tr>
<tr><td></td><td></td></tr>
</table>

六、方向法水平角观测

(一)实习目的

掌握用经纬仪(或全站仪)按方向观测法观测水平角及记录、计算方法。

(二)实习要求

小组每个成员独自完成一个测站水平角的观测,各项限差应符合表 2-9 规定。

表 2-9　限差规定

等级	仪器精度等级	半测回归零差限差/″	一测回内 2C 互差限差/″	同一方向值各测回较差限差/″
四等及以上	1″级仪器	6	9	6
	2″级仪器	8	13	9
一级及以下	2″级仪器	12	18	12
	6″级仪器	18	—	24

(三)实习仪器设备

1. 经纬仪或全站仪 1 台;
2. 测钎 4 支;
3. 记录板 1 个;
4. 其他:测伞、铅笔等。

(四)实习步骤

在一个测站上对 4 个目标做两测回的方向法观测。

1. 一测回操作顺序:

上半测回:盘左,零方向水平度盘读数应配置在比 0°稍大的读数处,从零方向开始,顺时针依次照准各目标并读数,归零并计算上半测回归零差。

下半测回:盘右,从零方向开始,逆时针依次照准各目标并读数,归零并计算下半测回归零差;

若半测回归零差和一测回内 2C 较差不超过限差规定,则对每一个方向计算盘左、盘右读数的平均值,因为零方向有始末两个方向值,再取平均数作为零方向的最后方向观测值;

计算归零后各方向的一测回方向值。零方向归零后的方向值为 0°00′00″,将其他方向的盘左、盘右平均值减去零方向的方向观测值,就得到归零后各方向的一测回方向值。

2. 进行第二测回观测时,操作方法和步骤与上述相同,仅是盘左零方向要变换水平度盘位置，应配置在 $\frac{180^\circ}{n}(j-1)=\frac{180^\circ}{2}(2-1)=90^\circ$ 处。

3. 若同一方向各测回方向值互差不超过限差规定，则计算各测回平均方向值。

（五）注意事项

1. 应选择距离稍远、易于照准的清晰目标作为起始方向。

2. 观测过程中，若照准部水准管气泡偏离居中位置，其值不得大于一格。同一测回内若气泡偏离居中位置大于一格，则该测回应重测。不允许在同一个测回内重新整平仪器。不同测回，则允许在测回间重新整平仪器。

（六）实习记录与计算

将实验结果填入表 2–10 中。

表 2–10　方向观测法记录与计算表

仪器型号：________　仪器号码：________　观测者：________　记录者：________

日期：__________　时间：__________　天气：__________

测站	测回数	目标	读数		2C /° ′ ″	平均读数 /° ′ ″	归零后的方向值/° ′ ″	各测回的平均值/° ′ ″
			盘左/° ′ ″	盘右/° ′ ″				

七、竖直角观测

（一）实习目的

1. 进一步理解竖直角的概念。

2. 掌握用经纬仪（或全站仪）按中丝法观测竖直角及记录、计算方法。

(二)实习要求

小组每个成员独自完成一个测站两个方向两个测回的竖直角观测,限差要符合表 2-11 规定。

表 2-11　限差规定

仪器精度等级	同一测回各方向指标差互差限差/″	各测回互差限差/″
2″级仪器	≤10	≤10
6″级仪器	≤25	≤25

(三)实习仪器设备

1. 经纬仪或全站仪 1 台;
2. 测钎 2 支;
3. 记录板 1 个;
4. 其他:测伞、铅笔等。

(四)实习步骤

在一个测站上对 2 个目标作两测回的中丝法观测,如图 2-3 所示。

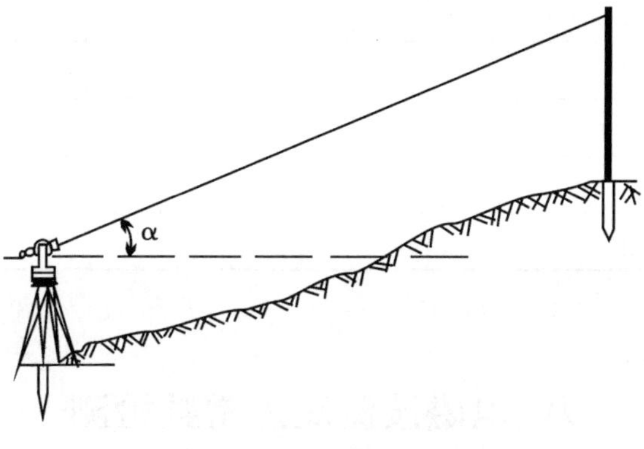

图 2-3　中丝法观测略图

1. 一测回观测顺序:

盘左位置:用望远镜十字丝的中丝分别切于两目标的某一位置,读取竖盘读数 L,记入记录手簿;

盘右位置:用望远镜十字丝的中丝分别切于两目标的同一位置,读取竖盘读数 R,记入记录手簿;

计算指标差互差,若各测回互差不超过限差规定,分别计算两个方向的半测回竖直角、已测回竖直角。

2. 重复以上工作,完成第二测回的观测工作。计算各测回互差,若各测回互差不超过限差规定,分别计算两个方向的各测回竖直角平均值作为最后的结果。

(五)注意事项

1. 在垂直角观测中,注意要用十字丝中丝的单丝切于目标顶。

2. 观测过程中,若照准部水准管气泡偏离居中位置,其值不得大于一格。同一测回内若气泡偏离居中位置大于一格,则该测回应重测。不允许在同一个测回内重新整平仪器。不同测回,则允许在测回间重新整平仪器。

(六)实习记录与计算

将实验结果填入表 2-12 中。

表 2-12　中丝法记录与计算表

仪器型号:________　　仪器号码:________　　观测者:________　　记录者:________

日期:____________　　时间:____________　　天气:__________

测站	测回	目标	竖盘位置	竖盘读数/° ′ ″	半测回竖直角/° ′ ″	指标差/° ′ ″	一测回竖直角/° ′ ″	各测回竖直角平均值/° ′ ″

八、电磁波测距加常数检测

(一)实习目的

1. 了解光电测距的基本原理。

2. 掌握电磁波测距加常数简易检测方法。

(二)实习要求

每段距离往返观测两个测回。

(三)实习仪器设备

1. 全站仪 1 套;

2. 棱镜 1 套；

3. 记录板 1 个；

4. 其他：测伞、铅笔等。

（四）实习步骤

1. 在较为平坦的地面上选 200 m 左右长的线段 02，并定出线段 02 的中间一点点 1。

2. 测距仪安置在 1 点，测平距 d_{10}、d_{12}；测距仪安置在 0 点，测平距 d_{02}。

3. 依下式计算加常数。

$$C = d_{02} - (d_{10} + d_{12})$$

（五）注意事项

1. 0、1、2 三点必须在一条直线上。

2. 需要使用既能安置全站仪又能安置反射棱镜的基座。

（六）实习记录与计算

将实验结果填入表 2-13 中。

表 2-13　电磁波测距加常数检测记录与计算表

仪器型号：________　仪器号码：________　观测者：________　记录者：________

日期：____________　时间：____________　天气：__________

测站	目标	水平距离/m	距离均值/m
1	0		
1	2		
0	2		
计算 $C=d_{02}-(d_{10}+d_{12})=$			

九、三角高程测量

(一)实习目的

1. 了解三角高程测量的基本原理。
2. 掌握电磁波测距三角高程测量方法。

(二)实习要求

电磁波测距三角高程测量观测的主要技术要求见表2-14。

表2-14　电磁波测距三角高程测量观测的主要技术要求

等级	竖直角观测				边长测量		对向观测高差较差/mm
	仪器等级	测回数	指标差较差/″	测回较差/″	仪器等级	观测次数	
四等	2″级	3	≤7	≤7	10 mm 级	往返各一次	$40\sqrt{D}$
五等	2″级	2	≤10	≤10	10 mm 级	往一次	$60\sqrt{D}$

注:D为测距边的水平距离(km)。

(三)实习仪器设备

1. 全站仪1套;
2. 棱镜1套;
3. 记录板1个;
4. 其他:钢尺、测伞、铅笔等。

(四)实习步骤

1. 安置仪器和设备:在已知高程点A上安置全站仪,并量取仪器高i_A,在待定点B上安置棱镜架,将棱镜和觇牌安置在棱镜杆上,并量取棱镜高v_B,如图2-4所示。

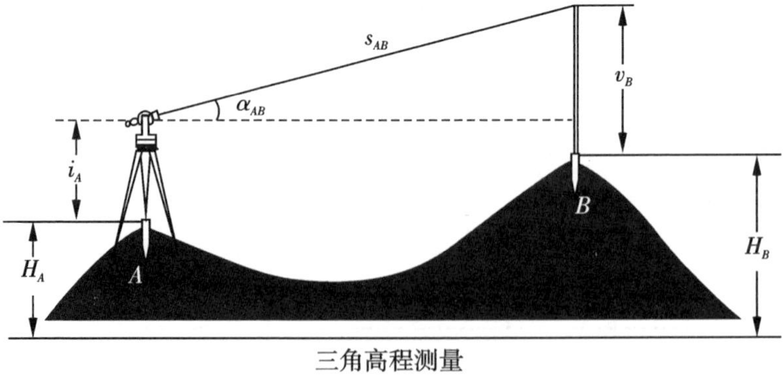

图2-4　三角高程测量

2. 直觇测量：用全站仪精确瞄准 B 点上的棱镜和觇牌，读取竖直度盘和距离读数并记于记录表中；

3. 返觇测量：将全站仪和棱镜架互换位置，重复 1、2 步骤；

4. 按电磁波测距三角高程测量计算公式计算平均高差，s 为测距边的斜距。

$$\bar{h}_{AB}=\frac{h_{AB}-h_{BA}}{2}=\frac{s_{AB}\sin\alpha_{AB}-s_{BA}\sin\alpha_{BA}}{2}+\frac{i_A-v_B-i_B+v_A}{2}$$

（五）注意事项

1. 仪器、觇牌的高度，应在观测前后各量测 1 次，并应精确至 1 mm，取平均值作为最终高度。

2. 垂直角的对向观测，当直觇测量完成后应即刻迁站进行返觇测量。

3. 高程成果的取值应精确至 1 mm。

（六）实习记录与计算

将实验结果填入表 2-15 中。

表 2-15　电磁波测距三角高差测量记录与计算表

仪器型号：________　仪器号码：________　观测者：________　记录者：________

日期：__________　时间：__________　天气：________

仪器高/m	觇标高/m	测回	竖直角测量				距离测量	
			竖盘位置	度盘读数 /° ′ ″	指标差 /″	竖直角角值 /° ′ ″	斜距读数/m	斜距值/m

$$\bar{h}_{AB}=\frac{h_{AB}-h_{BA}}{2}=\frac{s_{AB}\sin\alpha_{AB}-s_{BA}\sin\alpha_{BA}}{2}+\frac{i_A-v_B-i_B+v_A}{2}=$$

十、全站仪坐标测量

(一)实习目的

1. 进一步熟练全站仪的基本操作。

2. 掌握全站仪坐标测量的方法。

(二)实习要求

小组每个成员独自完成全站仪坐标测量的实施过程,每人观测 2 个点的坐标。

(三)实习仪器设备

1. 全站仪 1 套;

2. 棱镜 1 套;

3. 记录板 1 个;

4. 其他:测伞、铅笔等。

(四)实习步骤

在校园实习地点,选择一个已知点 A 作为测站点,另一个已知点 B 作为后视点。

1. 在 A 点安置仪器并检查相关设置:全站仪坐标测量中包含水平角观测、垂直角观测和距离观测,故有关角度测量的设置和距离测量的设置对坐标测量会产生影响,坐标测量前应检查相关设置。

2. 测站点设置:进入坐标测量状态,选择测站点设置,进入测站点设置状态,输入 A 点坐标、高程和仪器高,或者调用已存有的测站点坐标和高程数据。

3. 后视点设置:选择后视点设置,进入后视点设置状态。后视点设置通常有两种方式:坐标、角度。选择坐标方式后,输入后视点 B 的坐标和高程,或者调用已存有的后视点坐标和高程数据。选择角度方式后,可直接输入后视方向的方位角。此时,仪器会提醒观测者照准后视点,确认后完成后视点的设置。

4. 测站设置检查:后视点设置完成后,将照准目标安置在第三个已知点上,在坐标测量状态下测量该点的坐标和高程。当观测的坐标、高程与已知的坐标、高程相差甚微时,表明测站设置无错误。否则,应检查测站点、后视点点号、数据输入的正确性。

5. 选择工作文件:选择工作文件,为观测数据指定一个记录文件。

6. 坐标测量:当测站设置无误时,就可以进行目标点的坐标测量。选择“测量”键进入坐标测量状态。在目标点安置棱镜,将望远镜照准棱镜中心。按“测量”键,仪器启动“坐标测量”并显示结果。在记录前,需要输入未知点点号、棱镜高。如果不输入点号,仪器自动按数字顺序在前一点号的基础上加 1 记录。如果不输入棱镜高,仪器自动按前一点的棱镜高计算。

7. 中间和结束检查:进行坐标测量时,不仅要检查测站设置是否正确,测量过程中和测量结束时还应检查水平度盘读数是否正确。通常是在测站设置完成后,选择一明显标志(如避雷针、电杆等),记录其水平度盘读数。在测量过程中或测量结束时,再观测其水平度盘读数,比较变化情况,判断仪器水平度盘是否变动,确保观测数据的可靠性。

(五)注意事项

1. 望远镜的十字丝中点应尽量照准目标底部,然后仰起望远镜到棱镜处测量。
2. 安置棱镜也要进行对中、整平。

(六)实习记录与计算

将实验结果填入表 2-16 中。

表 2-16　全站仪坐标测量记录表

仪器型号:________　仪器号码:________　观测者:________　记录者:________
日期:__________　时间:__________　天气:________

测站点	后视点	待测点	仪器高/m	棱镜高/m	坐标/m		
					X	Y	H

十一、水准仪已知高程放样

(一)实习目的

1. 进一步熟悉水准仪的基本操作。
2. 掌握水准仪已知高程放样的方法。

(二)实习要求

小组每个成员独自完成水准仪已知高程放样的实施过程,每人放样 1 个已知高程点,放样误差不超过 10 mm。

(三)实习仪器设备

1. 水准仪 1 套;
2. 水准尺 2 把;
3. 记录板 1 个;
4. 其他:测伞、铅笔、皮尺等。

(四)实习步骤

1. 已知高程点 A 与待放样点 B 中间位置安置、整平水准仪。

2. 瞄准 A 尺读取后视读数 a。

3. 根据 A 点高程 H_A 和 B 点已知高程 H_B，计算靠在 B 点的水准尺的应读读数，应读读数 $b = H_A + a - H_B$。

4. 将水准尺紧贴 B 点木桩或者墙体的侧面，水准仪瞄准 B 点水准尺读数，靠桩侧面上下移动调整 B 点水准尺，当观测得到的 B 点水准尺的读数等于计算所得 b 时，即找到了 B 点的高程。

5. 沿着尺底在木桩或墙体上画线，即为测设的高程 B 点位置。

6. 将水准尺底面置于已标定的设计高程位置，用双仪器高法测量 A、B 两点高差，进行检核。

（五）注意事项

1. 立尺时，应站在水准尺后，双手扶尺，水准尺要竖直。
2. 在读数前，注意消除视差。
3. 放样完要进行检核，误差超限应重新放样。

（六）实习记录与计算

将实验结果填入表 2-17 和表 2-18 中。

表 2-17　水准仪高程放样记录核表

仪器型号：________　仪器号码：________　观测者：________　记录者：________

日期：__________　时间：__________　天气：________

测站	水准点号	水准点高程/m	后视读数/m	视线高程/m	测设点号	设计高程/m	前视应读数/m

表 2-18　水准仪高程放样检核记录表

测站	后视点/前视点	视距/m	水准尺读数/mm	高差/m	平均高差/m	误差/mm

检核：

十二、全站仪平面点位放样

(一)实习目的

1. 进一步熟悉全站仪的基本操作。

2. 掌握全站仪平面点位放样的方法。

(二)实习要求

小组每个成员独自完成全站仪平面点位放样的实施过程,每人放样 1 个点。

(三)实习仪器设备

1. 全站仪 1 套;

2. 棱镜 1 套;

3. 记录板 1 个;

4. 其他:测伞、铅笔等。

(四)实习步骤

在校园实习地点,选择一个已知点 A 作为测站点,另一个已知点 B 作为后视点。

1. 在 A 点安置仪器并检查相关设置:全站仪平面点位放样中包含水平角观测和距离观测,故有关角度测量的设置和距离测量的设置对坐标测量会产生影响,坐标测量前应检查相关设置。

2. 测站点设置:进入坐标测量状态,选择测站点设置,进入测站点设置状态,输入 A 点坐标。

3. 后视点设置:选择后视点设置,进入后视点设置状态。输入后视点 B 的坐标。此时,仪器会提醒观测者照准后视点,确认后完成后视点的设置。

4. 测站设置检查:后视点设置完成后,将照准目标安置在第三个已知点上,在坐标测量状态下测量该点的坐标。当观测的坐标与已知的坐标相差甚微时,表明测站设置无错误。否则,应检查测站点、后视点点号、数据输入的正确性。

5. 进入设置放样点界面,输入放样点点名,确定后输入放样点坐标,此时放样点参数设置结束,开始进行放样。

6. 在放样界面选择“角度”进行角度调整,转动全站仪将 dHR 项参数调至零,并固定全站仪水平制动螺旋,然后指挥持棱镜者将棱镜立于全站仪正对的地方,调节全站仪垂直制动螺旋及垂直微动螺旋使全站仪十字丝居于棱镜中心,此时棱镜位于全站仪与放样点的连线上,接着进入距离调整模式,若 dHD 值为负,则棱镜需向远离全站仪的方向移动,反之向靠近全站仪的方向移动,直至 dHD 的值为零时棱镜所处的位置即为放样点,将该点标记,第一个放样点放样结束,然后进入下一个放样点的设置并进行放样,直至所有放样点放样结束。

7. 放样点间水平距离检核。

(五)注意事项

1. 望远镜的十字丝中点应对准棱镜的中心。

2. 安置棱镜也要进行对中、整平。

(六)实习记录与计算

将实验结果填入表2-19和表2-20中。

表2-19　全站仪平面点位放样记录检核表

仪器型号:________　仪器号码:________　观测者:________　记录者:________

日期:__________　时间:__________　天气:________

测站点	后视点	放样点	坐标/m	
			X	*Y*
A				
	B			
		1		
		2		
		3		
		4		

表2-20　全站仪平面点位放样检核记录表

放样边	距离/m	误差
12		
34		
14		
23		
13		
24		

检核:

十三、GNSS接收机的认识与使用

(一)实习目的

1. 了解GNSS接收机的基本结构、认清其主要部件的名称及作用;

2. 掌握GNSS接收机的基本操作方法。

(二)实习要求

小组每个成员独自完成全站仪平面点位放样的实施过程,每人放样 1 个点。

(三)实习仪器设备

1. GNSS 接收机 1 套;

2. 三脚架 1 个;

3. 基座 1 个;

4. 其他:备用电池等。

(四)实习步骤

1. 安置仪器:在一个控制点上架设三脚架,使其高度适当,架头大致水平,将架腿踩实,安置基座,从仪器箱中取出 GNSS 接收机,将其连接在三脚架上,安装天线。

2. 认识仪器:对照实物了解 GNSS 接收机的基本结构、认清其主要部件的名称、作用及使用方法;了解 GNSS 接收机控制手簿的基本结构、键盘上各按键的名称及其功能、显示符号的含义并熟悉使用方法。

3. 接收机严格对中,整平,连接手簿,操作 GNSS 接收机采集数据。

GNSS 接收机的认识与使用

(五)注意事项

1. 在作业前应做好准备工作,将 GNSS 主机、手簿的电池和蓄电池充足电。

2. 使用 GNSS 接收机时,应严格遵守操作规程,注意爱护仪器。

十四、GNSS RTK 测量

(一)实习目的

1. 了解 GNSS RTK 测量系统的系统组成和操作方法。

2. 理解 GNSS RTK 测量系统的测量原理。

3. 掌握利用 GNSS RTK 技术进行碎部点测量的作业方法。

(二)实习要求

小组每个成员独自完成基准站、移动站的设置工作。

(三)实习仪器设备

1. GNSS RTK 测量系统 1 套,含三脚架、基座等;

2. 记录板 1 个;

3. 其他:测伞、铅笔等。

(四)实习步骤

1.架设基准站

打开脚架安置在未知点之上,并连接 GNSS 接收机。手簿通过蓝牙连接基准站的 GNSS 接收机(识别仪器序列),设置 GNSS 接收机工作模式为基准站模式,设置基准站的数据链为内置电台。

具体步骤为:选择配置→仪器设置→基准站设置→修改差分格式→基站启动坐标→选择数据链(内置电台)→数据链设置→启动基准站。

2.设置移动站

手簿蓝牙连接移动站的 GNSS 接收机,设置 GNSS 接收机工作模式为移动站,设置移动站的数据链为内置电台。设置电台通道和基准站的内置电台的通道保持一致。

3.固定解

完成基准站设置和移动站设置后,就能使移动站得到固定解。

4.新建项目

创建工程,配置参数、坐标等基础信息,完成作业所需的数据基础,包括:设置本地坐标系统的名称,选择本地坐标系使用的椭球名称,投影方式,本地的中央子午线。

5.单点校正或者求转换参数

(1)单点校正:

输入测点已知平面坐标,校正不同坐标系之间的参数差异。

在移动站达到固定解的前提下,点击“输入”→“校正”向导,校正模式选择“基准站架设在未知点”,点击“下一步”,可手动输入需要校正的平面坐标,也可以点击“点库获取”进行坐标选择,在完成“移动站已知平面坐标设置后”,移动站需要保持对中杆气泡居中,然后点击“校正”。完成“基准站架设在未知点”校正操作。

(2)求转换参数:

匹配工程所需平面坐标和默认经纬度坐标,在作业中直接获得所需目标参考系坐标,以四参数为例,步骤如下:

点击输入→求转换参数→点击添加。

1)添加平面坐标点 *A*2(本地坐标),添加与 *A*2 点所对应的点 *PT*2 的大地坐标(*RTK* 直接输出的 *PT*2 的经纬度坐标),完成第一个点的输入。

2)添加平面坐标 *A*3(本地坐标),添加与 *A*3 点所对应点 *PT*3 的大地坐标(*RTK* 直接输出的 *PT*3 的经纬度坐标),完成第二个点的输入。完成上方的步骤后,点击“计算”,即可计算出四参数,最后点击“应用”,即可将四参数应用到当前工程上。

6.点测量

移动站达到固定解的情况下,依次点击测量→点测量→保存→输入点名→输入编码→输入天线量取高度→确定。

(五)注意事项

1.在作业前应做好准备工作,将 GNSS 主机、手簿的电池和蓄电池充足电。

2. 使用 GNSS 接收机时,应严格遵守操作规程,注意爱护仪器。

十五、数字测图(CASS)软件的认识与使用

(一)实习目的

1. 了解 CASS 软件的基本功能。
2. 掌握 CASS 软件绘制地形图的作业过程。
3. 掌握 CASS 软件在工程中的基本应用。

(二)实习要求

每人独立完成地形图的绘制、基本几何要素的查询和 DTM 法土方量的计算。

(三)实习仪器设备

南方 CASS 软件。

(四)实习步骤

1. 熟悉 CASS 软件的基本界面,了解软件的基本功能。

2. 绘制地形图(以草图法为例)。

(1)绘图处理→定显示区→选择野外测量坐标文件;

(2)选择点号(坐标)定位成图法;

(3)在绘图处理菜单下,选择“展野外测点点号”;

(4)利用 CASS 软件地物菜单绘制平面图;

(5)绘制等高线:展高程点→建立 DTM 模型→绘制等高线→等高线修剪→等高线注记;

(6)地形图整饰:在 CASS 参数配置菜单下,设置图廓属性,然后在绘图处理菜单下选择相应的图幅,并添加图框,最终使地形图美观。

3. 基本几何要素的查询。

(1)查询指定点坐标。

用鼠标点取“工程应用”菜单中的“查询指定点坐标”。用鼠标点取所要查询的点即可。也可以先进入点号定位方式,再输入要查询的点号。

说明:系统左下角状态栏显示的坐标是笛卡儿坐标系中的坐标,与测量坐标系的 X 和 Y 的顺序相反。用此功能查询时,系统在命令行给出的 X、Y 是测量坐标系的值。

(2)查询两点距离及方位。

用鼠标点取“工程应用”菜单下的“查询两点距离及方位”。用鼠标分别点取所要查询的两点即可。也可以先进入点号定位方式,再输入两点的点号。

说明:CASS 所显示的坐标为实地坐标,所以所显示的两点间的距离为实地距离。

(3)查询线长。

用鼠标点取“工程应用”菜单下的“查询线长”。用鼠标点取图上曲线即可。

(4)查询实体面积。

用鼠标点取待查询的实体的边界线即可,要注意实体应该是闭合的。

4. DTM 法土方计算。

DTM 模型来计算土方量是根据实地测定的地面点坐标(X,Y,Z)和设计高程,通过生成三角网来计算每一个三棱锥的填挖方量,最后累计得到指定范围内填方和挖方的土方量,并绘出填挖方分界线。DTM 法土方计算(由坐标数据文件计算)操作过程如下:

(1)用复合线画出所要计算土方的区域。

(2)用鼠标依次点取"工程应用→DTM 法土方计算→根据坐标文件",提示:选择边界线,用鼠标点取所画的闭合复合线,弹出如图 2-5 土方计算参数设置对话框。

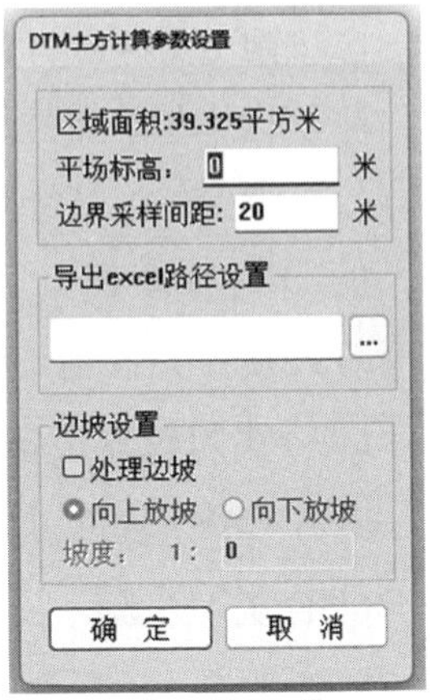

图 2-5　土方设计参数设置对话框

图 2-5 中说明如下:

区域面积:该值为复合线围成的多边形的水平投影面积。

平场标高:指设计要达到的目标高程。

边界采样间隔:边界插值间隔的设定,默认值为 20 m。

边坡设置:选中处理边坡复选框后,则坡度设置功能变为可选,选中放坡的方式(向上或向下:平场高程相对于实际地面高程的高低,平场高程高于地面高程则设置为向下放坡),然后输入坡度值。

设置好计算参数后屏幕上显示填挖方的提示框,命令行显示:

挖方量=××××立方米,填方量=××××立方米

(3)关闭对话框后系统提示:

请指定表格左下角位置:<直接回车不绘表格>。用鼠标在图上适当位置点击,CASS 会在该处绘出一个表格,包含平场面积、最大高程、最小高程、平场标高、填方量、挖方量和图形。

(五)注意事项

用复合线画所要计算土方的区域,一定要闭合,但是尽量不要拟合。因为拟合过的曲线在进行土方计算时会用折线迭代,影响计算结果的精度。

十六、四等水准测量

(一)实习目的

1. 掌握四等水准路线的布设方法。

2. 掌握四等水准测量的观测、记录方法。

3. 掌握四等水准测量的平差计算方法。

(二)实习要求

每组完成一条附合或闭合水准路线,水准路线的长度不得小于 1.5 km,每人至少完成一个测段的观测、记录和扶标尺工作,每人独立完成一份四等水准路线的平差计算。依据《工程测量标准》(GB 50026—2020),结合实际情况,四等水准测量的限差应符合下列规定(表 2-21):

表 2-21　四等水准测量的限差

项目	光学水准仪限差	数字水准仪限差
视线长度	100 m	100 m
前后视距差	5 m	3 m
前后视距差累计	10 m	10 m
视线高度	0.2 m	0.35 m
黑红面高差较差或两次观测高差较差	5 mm	5 mm
高差闭合差	$20\sqrt{L}$	$20\sqrt{L}$

注：L 为水准路线长度(km)。

（三）实习仪器设备

1. 水准仪 1 套；

2. 水准尺 2 把；

3. 记录板 1 个；

4. 其他：测伞、铅笔、皮尺等。

（四）实习步骤

1. 从教师指定的一个已知水准点出发，选定一条附合或闭合水准路线。

2. 四等水准测量施测方法（以光学水准仪双面尺法为例）：

（1）将水准尺立于已知高程的水准点上作为后视尺，水准仪安置于水准线路附近的适当位置，于施测线路的前进方向上，在与后视距大致相等的地方放置尺垫作为转点，并在尺垫上竖立水准尺作为前视尺。

（2）在测站上，观测员对水准仪进行粗平，然后瞄准后视尺黑面，读取上、中、下丝读数并记录。

（3）仪器不动，转动后视尺使其红面朝向仪器，读取后视尺红面中丝读数并记录。

（4）旋转照准部瞄准前视尺，依次读取前视尺黑面的上、中、下丝读数并记录。

（5）仪器不动，转动前视尺使其红面朝向仪器，读取前视尺红面中丝读数并记录。

（6）计算并检查各项数据，如果观测成果合格，记录员示意后尺手沿水准线路向前转移，在适当位置设置下一个转点，并将仪器迁至第二测站。此时，第一测站的前视点成为第二测站的后视点。然后，按照第一测站相同的工作程序进行第二测站的工作。依次沿水准路线方向施测直至完成全部水准线路的观测为止。

（7）计算水准路线的高差闭合差，如果超限，应重新测量。

3. 进行内业成果的整理和平差计算，求出各待求点高程。

（五）注意事项

1. 已知点和水准待求点严禁放尺垫，转点一般要放尺垫。

2. 距离差、高差等均需要记正负号。

3. 每站观测完毕，必须现场进行计算检核，确认全部合格方可迁站。

4. 手簿上每个测段另起一页，并且每测段要有距离累积、高差累积等。

（六）实习记录与计算

将实验结果填入表2–22和表2–23中。

表2–22　四等水准测量记录手簿

仪器型号：________　仪器号码：________　观测者：________　记录者：________

日期：____________　时间：____________　天气：__________

测站编号	后尺 下丝	前尺 下丝	方向及尺号	标尺读数/mm		K+黑-红/mm	高差中数/mm	备注
	后尺 上丝	前尺 上丝		黑面	红面			
	后距/m	前距/m						
	视距差 d/m	$\sum d$/m						
	(1)	(5)	后	(3)	(4)	(10)		
	(2)	(6)	前	(7)	(8)	(9)		
	(15)	(16)	后-前	(11)	(12)	(13)	(14)	
	(17)	(18)						
			后					
			前					
			后-前					
			后					
			前					
			后-前					
			后					
			前					
			后-前					
			后					
			前					
			后-前					
			后					
			前					
			后-前					
			后					
			前					
			后-前					
			后					
			前					
			后-前					
			后					
			前					
			后-前					

表 2-23　四等水准测量平差计算表

计算者:________　　检核者:________　　日期:________

点号	平均高差/m	距离/km	高差改正数/mm	改正后高差/m	高程/m
Σ					
辅助计算					

十七、导线测量

(一)实习目的

1. 掌握导线选点的基本方法和实施过程。

2. 掌握导线测量的观测、记录方法。

3. 掌握导线测量的平差计算方法。

(二)实习要求

每组完成一条闭合或者附合三级导线测量,每人至少完成一个测站的观测、记录、架设棱镜等工作,每人独立完成一份导线测量的平差计算。依据《工程测量标准》(GB

50026—2020)，结合实际情况，导线测量的限差应符合下列规定(表 2-24)：

表 2-24　导线测量的限差

项目	限差
方位角闭合差	$24\sqrt{n}''$
导线全长相对闭合差	≤1/5000
水平角测回数	2″级仪器 1，6″级仪器 2
边长测回数	往测 1
边长测距一测回较差	10 mm

注：n 为测站数，边长一测回是全站仪盘左、盘右各测量 1 次的过程。

(三)实习仪器设备

1. 全站仪 1 套，棱镜 2 套；
2. 三脚架 3 个；
3. 记录板 1 个；
4. 其他：测伞、铅笔等。

(四)实习步骤

1. 选点：每组在指定测区内从一个已知控制点出发选择平面控制点作为导线点，做上标记并进行统一编号，将相邻平面控制点连接形成闭合或者附合导线。

2. 导线测量施测方法：

(1)全站仪安置在第一测站，盘左瞄准后视棱镜中心，读取并记录后视水平角读数；顺时针转动全站仪照准部，瞄准前视棱镜中心读取并记录水平角、水平距离读数。

(2)变换度盘位置，盘右瞄准前视棱镜中心，读取并记录前视水平角、水平距离读数；逆时针转动照准部瞄准后视棱镜读取水平角并记录。如果需要进行第二测回观测，可用重复上述方法。

(3)计算并检查各项数据，如果观测成果合格，记录员示意后视镜沿导线方向向前转移至前视点的下一导线点，并将仪器迁至前视点作为第二测站。然后，按照第一测站相同的工作程序进行第二测站的工作。依次沿导线方向施测直至完成全部导线的观测为止。

(4)计算导线的闭合差，如果超限，应重新测量。

3. 进行内业成果的整理和平差计算，求出各待求平面控制点坐标。

(五)注意事项

1. 在道路上选择导线点时，点位要尽量选在路边。
2. 相邻导线点之间应通视，且视线倾角不宜过大。

3. 仪器及反光镜的对中偏差均不应大于 2 mm。

4. 在每个测站上只有各项指标不超限方可迁站，迁站时仪器必须装箱。

（六）实习记录与计算

将实验结果填入表 2-25 和表 2-26 中。

表 2-25　导线测量记录与计算表

仪器型号：______　　仪器号码：______　　观测者：____　　记录者：______

日期：______　　时间：________　　天气：__________

测站	竖盘位置	目标	水平度盘读数 /° ′ ″	半测回角值 /° ′ ″	一测回角值 /° ′ ″	导线边长 /m
						边名：______、
						______、______
						______、______
						平均＝______
						边名：______、
						______、______
						______、______
						平均＝______
						边名：______
						______、______
						______、______
						平均＝______
						边名：______、
						______、______
						______、______
						平均＝______
						边名：______
						______、______
						______、______
						平均＝______

表 2-26　导线测量平差计算表

计算者：______　　检核者：________　　日期：________

点号	观测角 /° ′ ″	角度改正数 /″	改正后角度 /° ′ ″	方位角 a /° ′ ″	距离/m	坐标增量计算值		改正数		改正后坐标增量		坐　标　值	
						Δx/m	Δy/m	v_x/mm	v_y/mm	Δx/m	Δy/m	x/m	y/m
A													
B													
C													
D													
E													
A													
辅助计算													

第 3 章　力学实验指导

一、拉伸实验

（一）实验目的

1. 了解万能试验机的构造及工作原理，掌握其操作方法及使用时的注意事项；

2. 依据《金属材料　拉伸试验　第 1 部分：室温试验方法》（GB/T 228. 1—2021）测定常温下低碳钢试件拉伸时的屈服极限 σ_s、强度极限 σ_b、伸长率 δ、断面收缩率 ψ 以及铸铁试件拉伸时的强度极限 σ_b，并绘制 $\sigma - \varepsilon$ 曲线；

3. 比较低碳钢和铸铁试件拉伸时的力学性能。

（二）实验原理

利用万能试验机产生的静拉力，对标准试件进行轴向拉伸，同时记录荷载以及试件伸长量的变化，直至试件断裂，并根据测得的数据计算出有关的力学性能指标。

（三）实验仪器设备及工具

1. 万能试验机：工作性能参数应符合国家现行标准的规定，如图 3-1 所示。

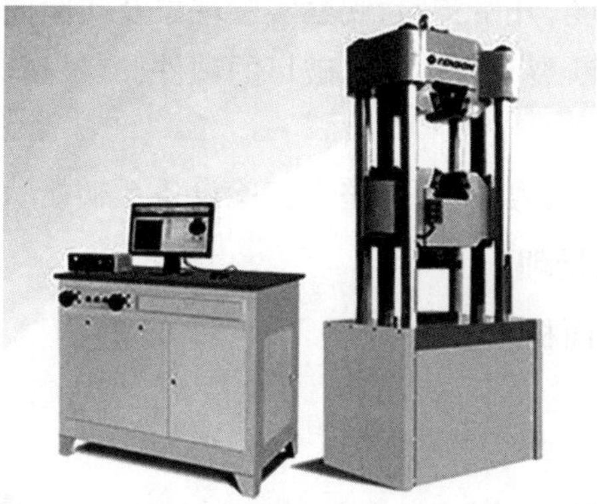

图 3-1　万能试验机

2. 游标卡尺：量程 0 ~ 150 mm，分度值 0. 02 mm，如图 3-2 所示。

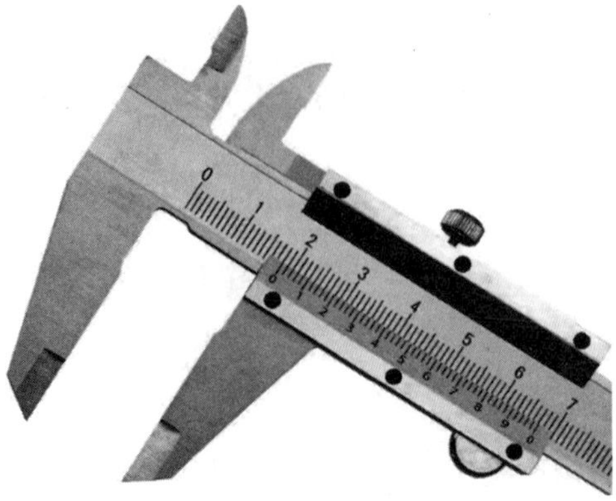

图 3-2　游标卡尺

（四）实验步骤

1. 打开仪器，预热 5 ~ 10 min（冬季温度较低时，预热时间应适当增加）。

2. 测定低碳钢试件的初始直径 d_0、初始标距 l_0 以及铸铁试件的初始直径 d_0，试件 d_0 的确定方法为取试件的上、中、下三个部位，每个部位沿垂直方向各测两次，最后取三个部位算术平均值的最小值。

3. 将低碳钢试件正确地放置在试验机钳口中，并将实验软件操作面界面各项原始数据清零。

4. 选择合适的加载速度，开始实验，观察实验现象及实验曲线的变化过程。

5. 持续加载直至试件断裂，卸载，取出破坏的试件，测量断口直径 d_1 以及断后标距 l_1 并记录相关实验数据。

6. 铸铁实验方法同上，实验结束后，整理实验设备至初始状态。

（五）实验数据分析与处理

1. 计算试件原始横截面积 A_0：

$$A_0 = \frac{\pi d_0^2}{4} \tag{3-1}$$

式中：A_0——原始横截面积（mm^2）；

d_0——原始直径（mm）。

2. 计算低碳钢试件相关力学性能指标：

$$\sigma_s = \frac{F_s}{A_0} \tag{3-2}$$

式中：σ_s——屈服极限（GPa）；

F_s——屈服荷载（kN）；

A_0——原始横截面积（mm^2）；

$$\sigma_b = \frac{F_b}{A_0} \tag{3-3}$$

式中：σ_b ——强度极限(GPa)；

F_b ——最大荷载(kN)；

A_0 ——原始横截面积(mm^2)；

$$\delta = \frac{l_1 - l_0}{l_0} \times 100\% \tag{3-4}$$

式中：δ ——伸长率；

l_0 ——原始标距(mm)；

l_1 ——断后标距(mm)；

$$\psi = \frac{A_0 - A_1}{A_0} \times 100\% \tag{3-5}$$

式中：ψ ——断面收缩率；

A_0 ——原始横截面积(mm^2)；

A_1 ——断后横截面积(mm^2)。

3. 计算铸铁试件相关力学性能指标：

$$\sigma_b = \frac{F_b}{A_0} \tag{3-6}$$

式中：σ_b ——强度极限(GPa)；

F_b ——最大荷载(kN)；

A_0 ——原始横截面积(mm^2)。

(六)注意事项

1. 实验过程必须按照规范和规程进行操作，以免对人身或仪器造成伤害。

2. 实验设备须加装安全防护装置以保证实验过程的安全。

3. 如有紧急情况，立即按下急停按钮终止实验。

(七)拓展与思考

1. 低碳钢和铸铁试件的拉伸力学性能有何差异？

2. 若采用非标准尺寸的试件进行实验是否会对实验结果产生影响？

二、压缩实验

(一)实验目的

1. 了解压力试验机的构造及工作原理，掌握其操作方法及使用时的注意事项。

2. 测定常温下低碳钢试件压缩时的屈服极限 σ_s 以及铸铁试件压缩时的强度极限 σ_b，并绘制 $\sigma - \varepsilon$ 曲线。

3. 分析低碳钢和铸铁试件拉、压时的力学性能有何差异。

(二)实验原理

低碳钢在压缩过程中，当所受应力小于屈服应力时，其变形与拉伸时基本相同。当达到屈服应力后，试件开始产生塑性变形，由圆柱体变成腰鼓状，又逐渐变成圆饼形状，故只能测定其屈服荷载 F_s 。

铸铁的压缩过程与拉伸过程类似，应力-应变曲线形状也基本相同，但其抗压强度却远高于其抗拉强度，这是脆性材料的共性。破坏断口与轴线约呈45°左右的角，刚好是单向压缩时材料最大剪应力所在方向，因此属于一种剪切破坏。

(三)实验仪器设备及工具

1. 压力试验机：工作性能参数应符合国家现行标准的规定，如图3-3所示。

图3-3　压力试验机

2. 游标卡尺：量程0～150 mm，分度值0.02 mm。

(四)实验步骤

1. 测量试件的尺寸：用游标卡尺测量相互垂直方向的直径尺寸各一次，取其平均值作为试件的直径。

2. 将试件放在上、下两个压头之间，调整好试验机的初始状态。

3. 缓慢打开送油阀，开始加载，加载过程中注意观察试件的曲线变化及变形情况。

4. 实验结束，将试验机恢复至初始状态，铸铁试件用同样的方法进行一次。

(五)实验数据分析与处理

1. 计算试件原始横截面积 A_0：

$$A_0 = \frac{\pi d_0^2}{4} \tag{3-7}$$

式中：A_0——原始横截面积(mm^2)；

d_0——原始直径(mm)。

2. 计算低碳钢试件抗压屈服极限：

$$\sigma_s = \frac{F_s}{A_0} \tag{3-8}$$

式中：σ_s ——屈服极限（GPa）；

F_s ——屈服荷载（kN）；

A_0 ——原始横截面积（mm^2）。

3. 计算铸铁试件抗压强度极限：

$$\sigma_b = \frac{F_b}{A_0} \tag{3-9}$$

式中：σ_b ——强度极限（GPa）；

F_b ——最大荷载（kN）；

A_0 ——原始横截面积（mm^2）。

（六）拓展与思考

1. 铸铁的破坏形式说明了什么？

2. 举例说明不同力学性能的材料在生活或工程实际中的应用。

三、剪切实验

工程中使用的构件或零部件，除了受到拉伸和压缩的应力 σ 作用之外，还受到剪切应力 τ 的作用。特别是那些由铆钉、销钉、螺栓连接的构件，如图 3-4 所示，其中连接螺栓等受到剪力的作用，它们的抗剪强度关系到构件的安全。因此，工程设计时不仅要考虑材料的抗拉强度和抗压强度，还要考虑材料的抗剪强度 τ_b 。剪切实验就是为了测定材料的 τ_b 而进行的一种实验。

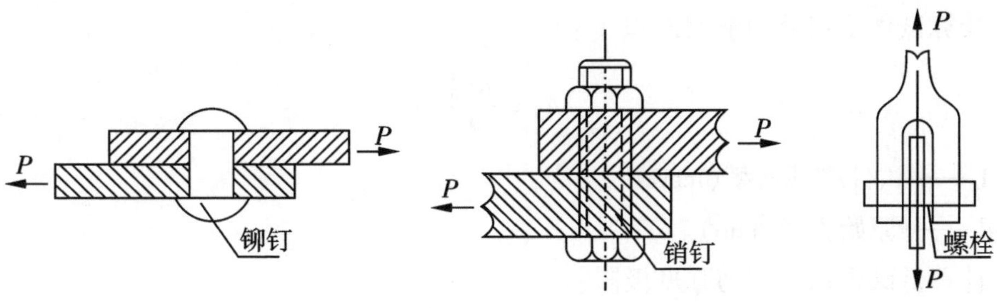

图 3-4　承受剪切作用的铆钉、销钉、螺栓

（一）实验目的

1. 测定低碳钢及铸铁的抗剪强度 τ_b。

2. 观察破坏断口，分析破坏原因。

(二)实验原理

剪切实验有多种做法,金属材料常见的做法如图 3-5 所示。

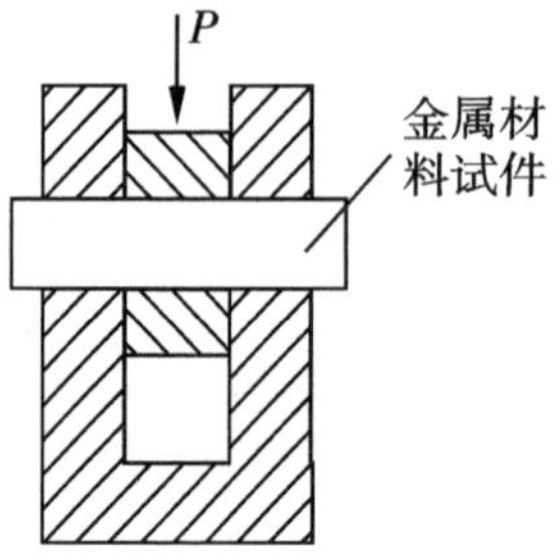

图 3-5　金属剪切实验原理

(三)实验仪器设备及工具

1. 剪切试验机:工作性能参数应符合国家现行标准的规定。

2. 游标卡尺:量程 0 ~ 150 mm,分度值 0.02 mm。

(四)实验步骤

1. 测量试件的尺寸:用游标卡尺测量相互垂直方向的直径尺寸各一次,取其平均值计算 A_0。

2. 将试件插入剪切孔内,调节至左右对称并调整试验机的初始状态。

3. 调整试验机横梁位置,选择适当的量程。

4. 开始加载直至试件破坏,记录试件被剪断时的最大荷载 P_b。

5. 实验结束,将试验机恢复至初始状态,铸铁试件用同样的方法进行一次。

(五)实验数据分析与处理

1. 计算试件受剪处的横截面积 A_0:

$$A_0 = \frac{\pi d_0^2}{4} \tag{3-10}$$

式中:A_0——试件横截面积(mm^2);

d_0——原始直径(mm)。

2. 计算低碳钢试件抗剪强度极限:

$$\tau_b = \frac{P_b}{2A_0} \tag{3-11}$$

式中:τ_b——抗剪强度极限(GPa);

P_b——剪切破坏荷载(kN);

A_0——横截面积(mm^2)。

3. 计算铸铁试件抗剪强度极限:

$$\tau_b = \frac{P_b}{2A_0} \tag{3-12}$$

式中：τ_b ——抗剪强度极限（GPa）；

P_b ——剪切破坏荷载（kN）；

A_0 ——横截面积（mm^2）。

（六）拓展与思考

1. 比较低碳钢 σ_b 和 τ_b 之间的比值，说明了什么？

2. 观察低碳钢试件剪切断口，分析破坏原因。比较低碳钢拉伸破坏断口与剪切破坏断口。

四、扭转实验

（一）实验目的

1. 了解扭转试验机的构造及工作原理，掌握其操作方法及使用时的注意事项。

2. 测定低碳钢试件扭转时的剪切屈服极限 τ_s 和剪切强度极限 τ_b 及铸铁试件扭转时的剪切强度极限 τ_b。

3. 分析并比较低碳钢和铸铁试件扭转破坏时的情况。

（二）实验原理

圆轴可以看作由无数圆形截面组成的，当圆轴发生扭转变形时，等效于各圆截面的形状、大小和间距均未改变，仅绕轴线相对转动，各纵向线则倾斜了同一微小角度。

圆轴的横截面在扭转后仍保持为平面，其形状和大小不变，半径仍保持为直线，且相邻两截面间的距离不变。

由材料力学相关知识可知，圆轴发生扭转变形时，横截面上距圆心为 ρ 的任意点处的切应力计算公式为：

$$\tau_\rho = \frac{T}{I_p} \cdot \rho \tag{3-13}$$

式中：T ——横截面上所受扭矩（N · m）；

I_p ——圆截面对圆心的极惯性矩，$I_p = \int_A \rho^2 dA = \frac{\pi d^4}{32}$；

ρ ——截面上任意一点到圆心的距离。

当 ρ 取最大值时，即 $\rho_{max} = \frac{d}{2}$，此时由式（3-13）可得：

$$\tau_{\rho max} = \frac{T_{max}}{\frac{I_p}{\rho_{max}}} = \frac{T_{max}}{W_p} \tag{3-14}$$

式中：W_p ——圆截面的抗扭截面系数，对于实心圆轴，$W_p = \frac{\pi d^3}{16}$。

低碳钢扭转变形过程的 $M_e - \varphi$ 关系如图 3-6 所示。

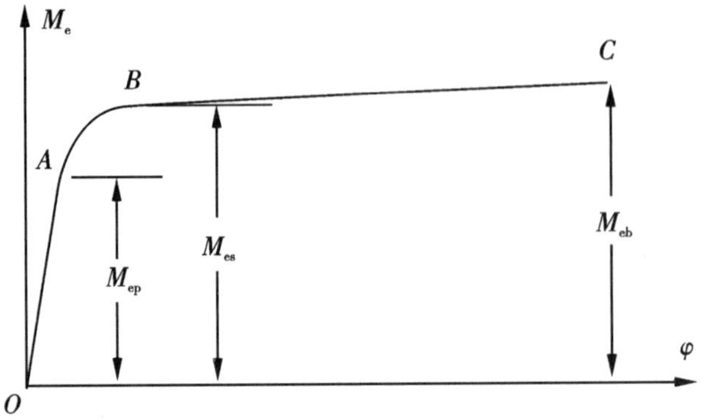

图 3-6 低碳钢扭转 $M_e - \varphi$ 曲线图

当达到图中 A 点时，M_e 与 φ 的比例关系开始破坏，这时，试样表面处的切应力达到了材料的扭转屈服应力，如能测得此时相应的外力偶矩 M_{ep}，如图 3-7(a)所示，则扭转屈服应力为：

$$\tau_s = \frac{M_{ep}}{W_p} \tag{3-15}$$

A 点过后，横截面上出现了一个环状的塑性区，如图 3-7(b)所示。若材料的塑性很好，且当塑性区拓展到接近中心时，横截面周边上各点的切应力仍未超过扭转屈服应力，此时的切应力分布可简化成图 3-7(c)所示的情况，对应的扭矩为：

$$T_s = \int_0^{\frac{d}{2}} \tau_s \rho 2\pi\rho d\rho = \frac{4}{3} W_p \tau_s \tag{3-16}$$

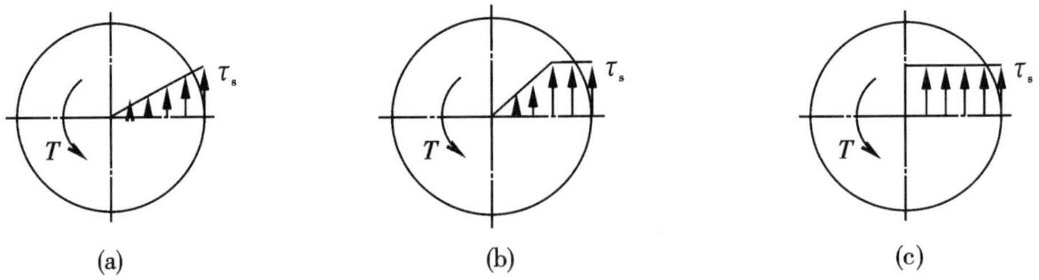

图 3-7 低碳钢屈服阶段截面应力分布图

此时，$M_e = M_{es} = T_s$ 根据式(3-16)可得低碳钢屈服应力：

$$\tau_s = \frac{3T_s}{4W_p} \tag{3-17}$$

由于铸铁为脆性材料，扭转至破坏时其变形也较小，可认为处于弹性变形阶段，无屈服现象。故可用式(3-15)来计算其破坏时的最大剪切应力。

(三)实验仪器设备及工具

1. 扭转试验机:相关参数满足国家行业标准规范要求,如图 3-8 所示。

图 3-8　扭转试验机

2. 游标卡尺。

(四)实验步骤

1. 打开试验机电源预热仪器,测量试样初始直径 d_0 并计算扭转截面系数 W_p 。

2. 将试件的一端放入试验机钳口中,转动另一个端口,使两个端口处于平行状态,安放好试件并用粉笔在试件顶部画一条直线以便观察实验过程中低碳钢的变形情况。

3. 打开软件,调整好合适的加载速度并对所有实验数据清零。

4. 启动电机(正转或反转)。低碳钢试件在弹性变形范围内以及铸铁试件扭转的全过程变形都较小,应用较小的转速,低碳钢试件在塑性范围内应用较大的转速。

5. 持续加载直至试件破坏,观察实验现象并记录相关实验数据。

6. 全部实验完成后,整理好仪器设备,关闭试验机电源。

(五)实验数据分析与处理

1. 计算试件的扭转截面系数:

$$W_p = \frac{\pi d_0^3}{16} \tag{3-18}$$

式中: W_p ——抗扭截面系数(mm^3);

d_0 ——试件原始直径(mm)。

2. 计算低碳钢试件的抗扭屈服极限:

$$\tau_s = \frac{3T_s}{4W_p} \tag{3-19}$$

式中: τ_s ——抗扭屈服极限(GPa);

T_s ——屈服扭矩(N · m)。

3. 计算低碳钢试件的抗扭强度极限:

$$\tau_b = \frac{3T_b}{4W_p} \tag{3-20}$$

式中：τ_b ——抗扭强度极限（GPa）；

T_b ——最大扭矩（N·m）。

4. 计算铸铁试件的抗扭强度极限：

$$\tau_b = \frac{T_b}{W_p} \tag{3-21}$$

式中：τ_b ——抗扭强度极限（GPa）；

T_b ——最大扭矩（N·m）。

（六）拓展与思考

1. 低碳钢和铸铁在扭转破坏时有什么不同现象？断口有何不同？试分析其原因。

扭转实验

2. 综合分析低碳钢和铸铁在拉、压、扭实验中的破坏形式和原因。

五、多点静态应变测试实验

（一）实验目的

1. 验证等强度梁静态应变特性和梁的弯曲变形特性。

2. 掌握静态电阻应变仪的使用。

（二）实验原理

等强度是指各个截面在力的作用下应力相等，即 σ 值不变。

实验梁的截面面积随测试点所在截面的位置进行比例变化，实现在相同载荷下不同截面产生的应力一致，梁在弯曲时，实验梁的等强度段内根据受力不同在不同截面上下表面产生压应变或拉应变，但拉、压应变的大小相等。

等强度梁为悬臂结构，如图 3-9 所示。当在悬臂梁上加一个载荷 F 时，距 F 距离为 x 的截面上弯矩大小为：

$$M_x = Fx \tag{3-22}$$

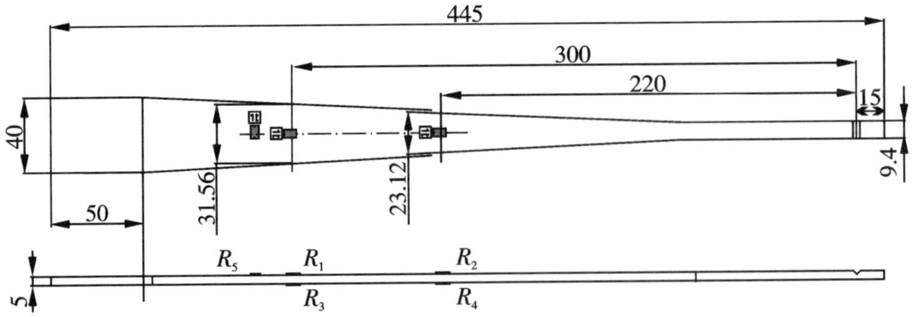

图 3-9　等强度梁外形图及相关尺寸

相应截面上的最大应力为：

$$\sigma_{max} = \frac{Fx}{W_z} \tag{3-23}$$

式中：W_z ——抗弯截面系数，截面为矩形，b_x 为宽度，h 为高度，则

$$W_z = \frac{b_x h^2}{6} \tag{3-24}$$

因而

$$\sigma_{max} = \frac{6Fx}{b_x h^2} \tag{3-25}$$

（三）实验仪器设备及工具

1. XL3417 等强度梁实验装置：等强度梁实验装置如图 3-10 所示。

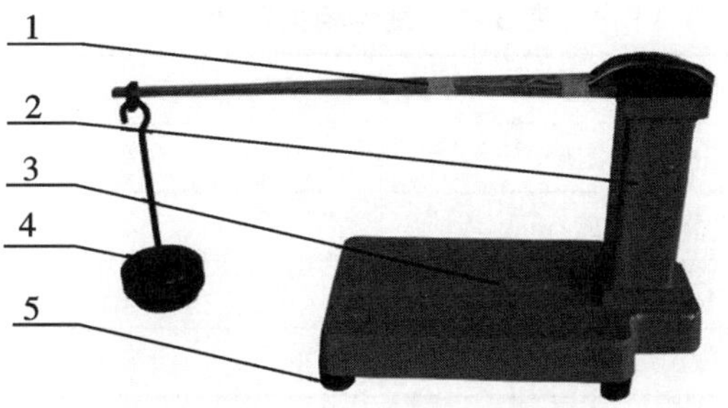

1—等强度实验梁（贴好应变片）；2—实验台支柱；3—实验台底座；
4—加载砝码及砝码托盘；5—可调节地脚

图 3-10　等强度梁实验装置

2. XL2118A 静态电阻应变仪：静态电阻应变仪如图 3-11 所示。

图 3-11　静态电阻应变仪

3. 游标卡尺、钢板尺。

（四）实验步骤

1. 设计好本实验所需的各类数据表格。
2. 测量等强度梁的有关尺寸，确定试件有关参数。
3. 拟订加载方案。估算最大载荷 P_{max}（该实验载荷范围≤20 N），采用分级加载方式

进行加载。

4. 实验采用多点测量中半桥单臂公共补偿接线法。将等强度梁上选取的测点应变片按序号接到电阻应变仪测试通道上，温度补偿片接电阻应变仪公共补偿端。

5. 按实验要求接好线，调整好仪器，检查整个测试系统是否处于正常工作状态。

6. 实验加载：加载前记下各点应变片初读数（零点值），然后逐级加载，每增加一级砝码，依次记录各点应变仪的 ε_i ，直至终载荷。实验至少重复三次。

7. 做完实验后，卸掉砝码及砝码托盘，关闭仪器电源，整理好所用仪器设备，清理实验现场，将所用仪器设备复原，实验资料交指导教师检查签字。

（五）实验数据分析与处理

将实验结果填入表 3-1 和表 3-2 中。

表 3-1　试件相关尺寸

应变片中心位置截面宽度/mm	
梁的厚度/mm	
应变片中心位置到载荷点距离/mm	
弹性模量/GPa	
泊松比	

表 3-2　实验原始数据

载荷/N	P							
	ΔP							
实验数据/$\mu\varepsilon$	R_1	ε_p						
		$\Delta\varepsilon_p$						
		$\overline{\Delta\varepsilon_p}$						
	R_2	ε_p						
		$\Delta\varepsilon_p$						
		$\overline{\Delta\varepsilon_p}$						
	R_3	ε_p						
		$\Delta\varepsilon_p$						
		$\overline{\Delta\varepsilon_p}$						
	R_4	ε_p						
		$\Delta\varepsilon_p$						
		$\overline{\Delta\varepsilon_p}$						

理论值用式(3-25)计算： $\sigma_{理} = \dfrac{6Fx}{b_x h^2}$

实验值计算： $\sigma_{实} = E \cdot \varepsilon_{均}$ (3-26)

理论值与实验值比较： $\delta = \dfrac{\sigma_{理} - \sigma_{实}}{\sigma_{理}} \times 100\%$ (3-27)

(六)注意事项

1. 测试仪未开机前,一定不要进行加载,以免在实验中损坏试件。

2. 实验前一定要设计好实验方案,准确测量实验计算用数据。

3. 加载过程中一定要轻拿轻放砝码,不可随意放置砝码,以免形成冲击加载,造成测试数据不准确。

4. 实验结束,一定要先将加载砝码卸掉,以免误操作损坏试件。

5. 确认砝码完全卸掉后,关闭仪器电源,整理实验台面。

六、应变片粘贴实验

(一)实验目的

1. 初步掌握常温用电阻应变片的粘贴技术。

2. 为后续应变测量的实验做好准备工作。

(二)实验仪器设备及工具

1. XL3417 等强度梁实验装置。

2. 常温用电阻应变片,每小组一包,约10枚。

3. 万用表(测量应变片电阻值及绝缘阻抗)。

4. 502 或 501 黏结剂(氰基丙烯酸酯黏结剂)。

5. 25 瓦电烙铁、镊子、偏口钳、剪刀、焊锡、剥线钳等工具。

6. 等强度梁试件,温度补偿块。

7. 丙酮、无水乙醇等清洗剂。

8. 测量导线、胶带若干、硅橡胶(密封用,可根据实际情况使用)。

9. 聚四氟乙烯(薄塑料)。

(三)实验步骤

1. 用四位电桥测量应变片电阻值,选择电阻值差在±0.5 Ω 内的 5～6 枚应变片供粘贴用。

2. 将新购买或经冰箱保存的性能有效的 502 或 501 黏结剂瓶口打一小细孔,以便只流出少量胶液。

3. 先将试件待贴位置用细砂纸(约 300 目以上)打成 45°交叉纹,并用丙酮及无水乙醇蘸棉球将贴片位置附近擦洗干净直到棉球洁白为止,用钢笔画方向线,画线晾干后再用棉球擦一下。

4. 一手捏住应变片引出线，一手拿 502 黏结剂瓶，将瓶口向下在应变片位置上涂抹一层黏结剂，涂黏结剂后，立即将应变片底面向下平放在试件贴片部位上，并使应变片的基准对准方向线，将一小片聚四氟乙烯薄膜(0.05 ~0.1 mm 厚)盖在应变片上，用手指按应变片挤出多余黏结剂(注意按住时不要使应变片移动)，手指保持不动约 1 min 后再放开，轻轻掀开薄膜，检查有无气泡、翘曲、脱胶等现象，否则需重贴。注意黏结剂不要用得过多或过少：过多，则胶层太厚影响应变片性能；过少，则粘贴不牢不能准确传递应变。可事先用废片试贴练习，掌握时间和用力，如用力过大，胶几乎全部被挤出，黏结不牢，甚至压坏应变片敏感栅。此外注意不要被 502 胶粘住手指或皮肤，如被粘上可用丙酮泡洗掉。502 黏结剂有刺激性气味，不宜多吸入，不要滴及眼睛。

5. 每个小组在补偿块上粘贴 2 片应变片，在等强度梁上粘贴 5 片应变片，共 7 片应变片。

6. 用万用表检查应变片是否通路，如敏感栅断开则需重贴，如焊点与引出线脱开可补焊。将引出线与试件轻轻脱离。

7. 将导线塑料皮剥去约 3 mm 并涂上焊锡，测量导线用胶带固定在等强度梁上，使导线一端与应变片引出线靠近，然后用电烙铁将应变片引出线与测量导线锡焊，焊点要求光滑小巧，防止虚焊，再用万用表检查应变片是否通路，然后用兆欧表检查各应变片(一根导线)与试件之间的绝缘电阻，应大于 200 MΩ 为好。将导线编号，画布片和编号图。导线应布置整齐。

8. 用硅橡胶覆盖应变片区域，作防潮层，再检查通路和绝缘，将等强度梁和补偿块收存好。

9. 如果用其他黏结剂粘贴应变片则粘贴工艺不同，应按具体情况改变。

(四)实验数据分析与处理

1. 画布片和编号图。

2. 将贴好应变片的试件，固定到实验台上，加 10 ~20 N 荷载，进行应变变化验证。

3. 根据实际情况，学生可自行设计实验方案和数据表格。等强度梁外形图及相关尺寸如图 3-9 所示。

(五)注意事项

1. 测量应变片电阻值时，注意不要两只手都与应变片引线接触，以免将人体电阻并到应变片电阻中。

2. 焊接应变片导线时间不要过长(一般在 3 s 左右)，一次没有焊好应间隔几秒钟进行补焊。

3. 一定要将测量用连接导线用胶带固定好，以免将接线端子扯掉拽断应变片导线。

4. 焊接前，一定要将应变片导线上的残余胶黏剂清除干净(如用 502 胶水，可直接用电烙铁短时间加热，并镀上焊锡。

5. 焊完后的电阻应变片上多余连接导线用剪刀剪掉。

七、材料弹性模量 E、泊松比 μ 测定实验

(一)实验目的

1. 测定常用金属材料的弹性模量 E 和泊松比 μ。

2. 验证胡克(Hooke)定律。

(二)实验原理

在等强度梁表面上轴向和横向贴有应变片(见图 3-9) R_1 和 R_5,当等强度梁受力而弯曲时,应变片 1 受拉应变 ε_1,应变片 5 因泊松效应受压应变 $\varepsilon_5 = -\mu\varepsilon_1$。

1. 弹性模量 E 测定实验

用等强度梁纵轴线上一个应变片(R_1 或 R_2),测得应变值 ε_x,而后利用测得的应力值可算得等强度梁材料的弹性模量 E 。

由

$$\sigma = \frac{Fx}{W_z}$$

$$W_z = \frac{b_x h^2}{6}$$

可得:

$$\sigma = \frac{6Fx}{b_x h^2}$$

由广义胡克定律可得:

$$E = \frac{\sigma}{\varepsilon_x} \tag{3-28}$$

2. 泊松比 μ 测定实验

分别用等强度梁纵轴线 x (R_1 或 R_2)和横轴线 z (R_5)贴应变片,测得纵轴线应变值 ε_x 和横轴线应变值 ε_z ,则泊松比:

$$\mu = \left|\frac{\varepsilon_z}{\varepsilon_x}\right| \tag{3-29}$$

(三)实验仪器设备及工具

1. XL3417 等强度梁实验装置。

2. XL2118A 静态电阻应变仪。

3. 游标卡尺、钢板尺。

(四)实验步骤

1. 设计好本实验所需的各类数据表格。

2. 测量等强度梁的有关尺寸,确定试件有关参数。

3. 拟订加载方案。估算最大载荷 P_{max}（该实验荷载范围≤20 N），分级砝码加载。

4. 实验采用多点测量中半桥单臂公共补偿接线法。将等强度梁上选取的测点应变片按序号接到电阻应变仪测试通道上，温度补偿片接电阻应变仪公共补偿端。

5. 按实验要求接好线，调整好仪器，检查整个测试系统是否处于正常工作状态。

6. 实验加载：加砝码前电阻应变仪进行平衡，然后逐级加载，每增加一级载荷，依次记录各点应变仪的读数，直至终载荷。实验至少重复三次。

7. 做完实验后，卸掉砝码，关闭仪器电源，整理好所用仪器设备，清理实验现场，将所用仪器设备复原，实验资料交指导教师检查签字。

（五）实验数据分析与处理

将实验结果填入表 3-3 和表 3-4 中。

表 3-3　试件相关尺寸

应变片中心位置截面宽度/mm	
梁的厚度/mm	
应变片中心位置到载荷点距离/mm	
弹性模量/GPa	
泊松比	

表 3-4　实验原始数据

载荷/N	P							
	ΔP							
实验数据/με	R_1	ε_x						
		$\Delta\varepsilon_x$						
		$\overline{\Delta\varepsilon_x}$						
	R_5	ε_z						
		$\Delta\varepsilon_z$						
		$\overline{\Delta\varepsilon_z}$						

1. 实验值计算：

材料弹性模量由式(3-28)确定，材料泊松比由式(3-29)确定。

2. 理论值与实验值比较：

$$\delta_E = \frac{E_{理} - E_{实}}{E_{理}} \times 100\%$$

$$\delta_\mu = \frac{\mu_{理} - \mu_{实}}{\mu_{理}} \times 100\%$$

八、梁的纯弯正应力实验

(一)实验目的

1. 测定梁在纯弯曲时横截面上正应力大小和分布规律。

2. 验证纯弯曲梁的正应力计算公式。

(二)实验原理

在纯弯曲条件下,根据平面假设和纵向纤维间无挤压的假设,可得到梁横截面上任一点的正应力,计算公式为

$$\sigma = \frac{My}{I_z} \tag{3-30}$$

式中: M ——弯矩, $M = Pa/2$;

I_z ——横截面对中性轴的惯性矩;

y ——所求应力点至中性轴的距离。

简支梁受力变形内力分析简图如图 3-12 所示。

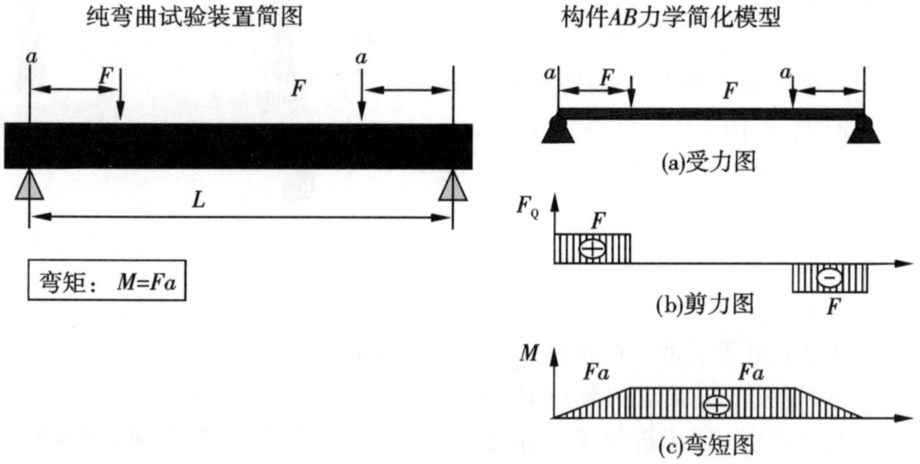

图 3-12　纯弯曲梁受力分析简化图

为了测量梁在纯弯曲时横截面上正应力的分布规律,在梁的纯弯曲段沿梁侧面不同高度,平行于轴线贴有应变片(图 3-13)。

实验可采用半桥单臂、公共补偿、多点测量方法。加载采用增量法,即每增加等量的载荷 ΔP ,测出各点的应变增量 $\Delta\varepsilon_{i实}$,然后分别取各点应变增量的平均值$\overline{\Delta\varepsilon_{i实}}$,依次求出各点的应力增量

$$\sigma_{i实} = \overline{E \cdot \Delta\varepsilon_{i实}} \quad (i=1,2,3,4,5)$$

将实测应力值与理论应力值进行比较,以验证弯曲正应力公式。

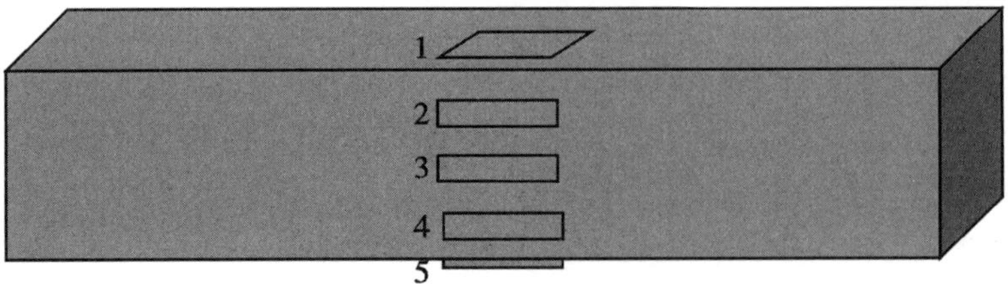

图 3-13　应变片在梁中的位置

(三)实验仪器设备及工具

1. 纯弯曲梁实验装置见图 3-14。

2. XL2118A 静态电阻应变仪。

3. 游标卡尺、钢板尺。

(四)实验步骤

1. 设计好本实验所需的各类数据表格。

2. 测量矩形截面梁的宽度 b 和高度 h 、载荷作用点到梁支点距离 a 及各应变片到中性层的距离 y_i 。

3. 拟订加载方案。可先选取适当的初载荷 P_0（一般取 $P_0 = 10\% P_{max}$ 左右），估算 P_{max}（该实验载荷范围 $P_{max} \leqslant 4000$ N），分 4 ~ 6 级加载。

4. 根据加载方案，调整好实验加载装置。

5. 按实验要求接好线，调整好仪器，检查整个测试系统是否处于正常工作状态。

6. 加载：均匀缓慢加载至初载荷 P_0，记下各点应变的初始读数；然后分级等增量加载，每增加一级载荷，依次记录各点电阻应变片的应变值 $\varepsilon_{i实}$ ，直到最终载荷；实验至少重复两次。

7. 做完实验后，卸掉载荷，关闭电源，整理好所用仪器设备，清理实验现场，将所用仪器设备复原，实验资料交指导教师检查签字。

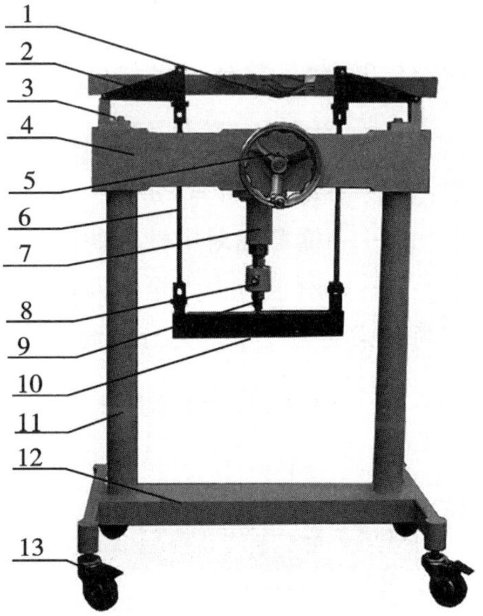

1—纯弯曲实验梁；2—限位三角板；3—铰支座支脚；4—承重方箱；5—加载手轮；6—加载传力吊杆；7—加载升降装置；8—加载传感器；9—压头；10—加载承重梁；11—实验台支柱；12—实验台底座；13—实验台调节脚轮

图 3-14　纯弯曲梁实验装置

(五)实验数据分析与处理

将实验结果填入表 3-5 和表 3-6 中。

表 3-5　试件相关参数

应变片至中性层距离/mm		梁的尺寸和有关参数	
y_1		宽度/mm	
y_2		高度/mm	
y_3		跨度/mm	
y_4		载荷距离/mm	
y_5		弹性模量/GPa	
		泊松比	
		惯性矩/m^4	

表 3-6　实验原始数据

载荷/N	P							
	ΔP							
实验数据/$\mu\varepsilon$	1	ε_p						
		$\Delta\varepsilon_p$						
		$\overline{\Delta\varepsilon_p}$						
	2	ε_p						
		$\Delta\varepsilon_p$						
		$\overline{\Delta\varepsilon_p}$						
	3	ε_p						
		$\Delta\varepsilon_p$						
		$\overline{\Delta\varepsilon_p}$						
	4	ε_p						
		$\Delta\varepsilon_p$						
		$\overline{\Delta\varepsilon_p}$						
	5	ε_p						
		$\Delta\varepsilon_p$						
		$\overline{\Delta\varepsilon_p}$						

(六)实验结果处理

1. 实验值计算：根据测得的各点应变值 $\varepsilon_{读}$ 求出应变增量平均值 $\overline{\Delta\varepsilon_{读}}$，代入胡克定律计算各点的实验应力值，因 1 $\mu\varepsilon = 10^{-6}\varepsilon$，所以

各点实验应力计算：

$$\sigma_{i实} = E \times \overline{\Delta\varepsilon_{i实}} \times 10^{-6} \quad (i = 1,2,3,4,5) \tag{3-31}$$

2. 理论值计算：

载荷增量 ΔP：

弯矩增量 $\Delta M = \dfrac{\Delta P \cdot a}{2}$

各点理论值计算：

$$\sigma_{i理} = \frac{\Delta M \cdot y_i}{I_z} \quad (i=1,2,3,4,5) \tag{3-32}$$

将结果填入表 3-7 中。

3. 绘出实验应力值和理论应力值的分布图：分别以横坐标轴表示各测点的应力 $\varepsilon_{i实}$ 和 $\varepsilon_{i理}$，以纵坐标轴表示各测点距梁中性层位置 y_i，选用合适的比例绘出应力分布图。

表 3-7　实验值与理论值的比较

测　点	理论值 $\sigma_{i理}$ /MPa	实际值 $\sigma_{i实}$ /MPa	相对误差/%
1			
2			
3			
4			
5			

（七）注意事项

梁的纯弯正应力实验

1. 测试仪未开机前，一定不要进行加载，以免在实验中损坏试件。

2. 实验前一定要设计好实验方案，准确测量实验计算用数据。

3. 加载过程中一定要缓慢加载，不可快速进行加载，以免超过预定加载载荷值，造成测试数据不准确，同时注意不要超过实验方案中预定的最大载荷，以免损坏试件；该实验最大载荷 4000 N。

4. 实验结束，一定要先将载荷卸掉，必要时可将加载附件一起卸掉，以免误操作损坏试件。

5. 确认载荷完全卸掉后，关闭仪器电源，整理实验台面。

九、薄壁圆筒弯扭组合主应力实验

（一）实验目的

1. 用电测法测定平面应力状态下主应力的大小及方向，并与理论值进行比较。

2. 测定空心圆管在弯扭组合变形作用下的弯曲正应力和扭转剪应力。

(二)实验原理

1. 测定主应力大小和方向

空心圆管受弯扭组合作用,使圆筒发生组合变形,在 B 点单元体上作用有由弯矩引起的正应力 σ_x,由扭矩引起的剪应力 τ_n,主应力是一对拉应力 σ_1 和一对压应力 σ_3,单元体上的正应力 σ_x 和剪应力 τ_n 可按下式计算

$$\sigma_x = \frac{M}{W_z} \quad 及 \quad \tau_n = \frac{M_n}{W_T} \tag{3-33}$$

式中　M——弯矩,$M = P \cdot L$;

M_n——扭矩,$M_n = P \cdot a$;

W_z——抗弯截面模量,对空心圆筒:$W_z = \frac{\pi D^3}{32}\left[1 - \left(\frac{d}{D}\right)^4\right]$;

W_T——抗扭截面模量,对空心圆筒:$W_T = \frac{\pi D^3}{16}\left[1 - \left(\frac{d}{D}\right)^4\right]$。

由二向应力状态分析可得到主应力及其方向

$$\begin{matrix}\sigma_1 \\ \sigma_3\end{matrix} = \frac{\sigma_x}{2} \pm \sqrt{\left(\frac{\sigma_x}{2}\right)^2 + \tau_n^2} \qquad \tan 2\alpha_0 = \frac{-2\tau_n}{\sigma_x} \tag{3-34}$$

本实验装置采用45°直角应变花,在 A、B、C、D 点各贴一组应变花(如图 3-15 所示),B 点或 D 点应变花上三个应变片的 α 角分别为-45°、0°、45°,该点主应变和主方向

$$\begin{matrix}\sigma_1 \\ \sigma_3\end{matrix} = \frac{(\varepsilon_{45°} + \varepsilon_{-45°})}{2} \pm \frac{\sqrt{2}}{2}\sqrt{(\varepsilon_{45°} - \varepsilon_{0°})^2 + (\varepsilon_{-45°} - \varepsilon_{0°})^2}$$

$$\tan 2\alpha_0 = \frac{(\varepsilon_{45°} - \varepsilon_{-45°})}{(2\varepsilon_{0°} - \varepsilon_{45°} - \varepsilon_{-45°})}$$

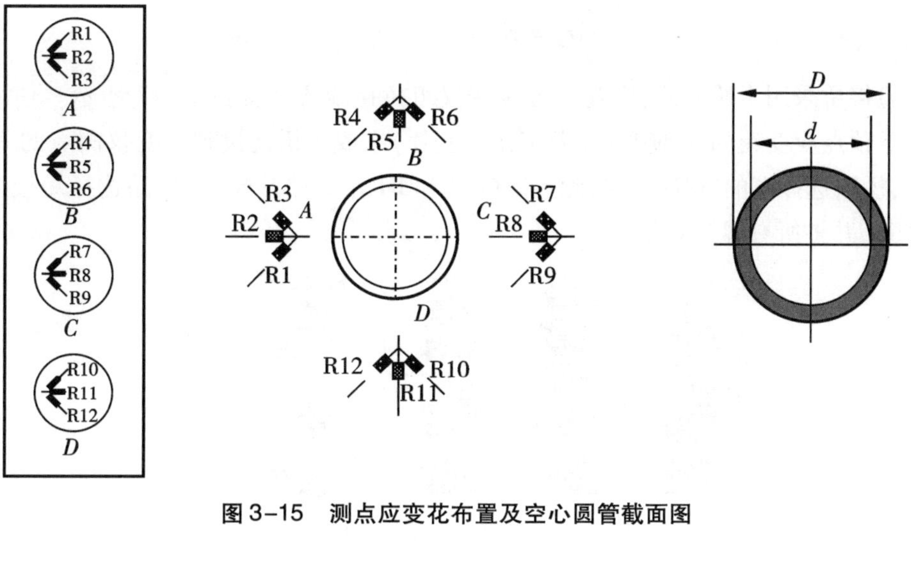

图 3-15　测点应变花布置及空心圆管截面图

主应力和主方向：

$$\left.\begin{matrix}\sigma_1\\ \sigma_3\end{matrix}\right\} = \frac{E(\varepsilon_{45^\circ} + \varepsilon_{-45^\circ})}{2(1-\mu)} \pm \frac{\sqrt{2}E}{2(1+\mu)}\sqrt{(\varepsilon_{45^\circ} - \varepsilon_{0^\circ})^2 + (\varepsilon_{-45^\circ} - \varepsilon_{0^\circ})^2}$$

$$\tan 2\alpha_0 = \frac{(\varepsilon_{45^\circ} - \varepsilon_{-45^\circ})}{(2\varepsilon_{0^\circ} - \varepsilon_{45^\circ} - \varepsilon_{-45^\circ})}$$

实验接桥采用1/4桥（半桥单臂）方式，应变片与应变仪组桥接线方法如图3-16所示。使用空心圆管上下顶点应变花的±45°和0°应变片（即工作应变片）分别连接到应变仪测点的A/B上，测点上的B和B1用短路片短接；温度补偿应变片连接到桥路选择端的A/D上，桥路选择短接线将D1/D2短接，并将所有螺钉旋紧。

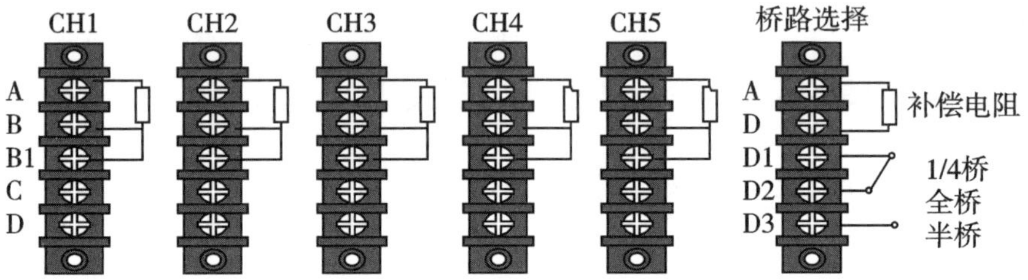

图3-16　应变片与应变仪接线图

2. 弯曲正应力

空心圆管虽为弯扭组合变形，但B和D两点沿X方向只有因弯曲引起的拉伸和压缩应变，且两应变等值异号，因此将B和D两点应变片R5和R11，采用半桥组桥方式测量，即可得到B、D两点所在截面由弯矩引起的轴向应变ε_M（$\varepsilon_M = \frac{\varepsilon_d}{2}$），则该截面的弯曲正应力实验值为：

$$\sigma_x = E \cdot \varepsilon_M = \frac{E \cdot \varepsilon_d}{2} \tag{3-35}$$

实验接桥采用半桥方式，应变片与应变仪组桥接线方法如图3-17所示。使用空心圆管上下顶点应变花的0°应变片（即工作应变片）组成半桥连接到应变仪测点的A/B和B/C上，桥路选择端的A/D悬空，测点上的B和B1用短路片断开，桥路选择短接线连接到D2/D3，并将所有螺钉旋紧。

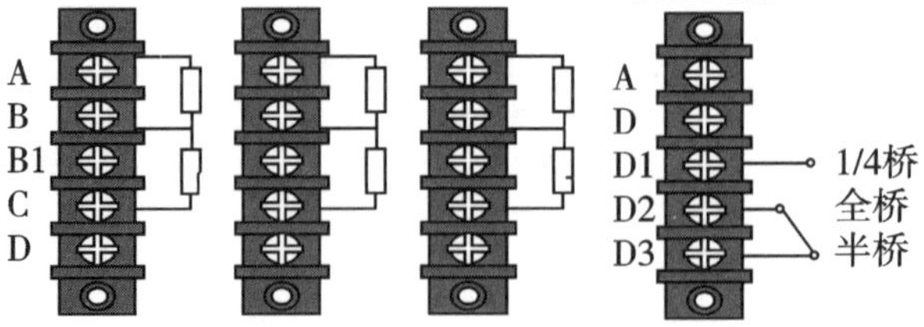

图3-17　应变片与应变仪接线图

3. 扭转剪应力

当空心圆管受扭转时，*A* 和 *C* 两点 45° 方向和 −45° 方向的应变片，即 R1、R3、R7、R9 四个应变片采用全桥组桥方式进行测量，可得到 *A* 和 *C* 两点由扭转引起的扭转应变 ε_n（$\varepsilon_n=\frac{\varepsilon_d}{4}$）。则可得到 *A* 和 *C* 两点所在截面的扭转剪应力实验值为：

$$\tau_n=\frac{E\cdot\varepsilon_n}{(1+\mu)}=\frac{E\cdot\varepsilon_d}{4(1+\mu)} \tag{3-36}$$

实验接桥采用全桥方式，使用空心圆管上下顶点应变花的±45°应变片（即工作应变片）按顺序连接到应变仪测点的 A/B、B/C、C/D 和 A/D 上，测点上的 B 和 B1 用短路片断开，桥路选择短接线悬空，并将所有螺钉旋紧。应变片与应变仪组桥接线方法如图 3-18 所示。

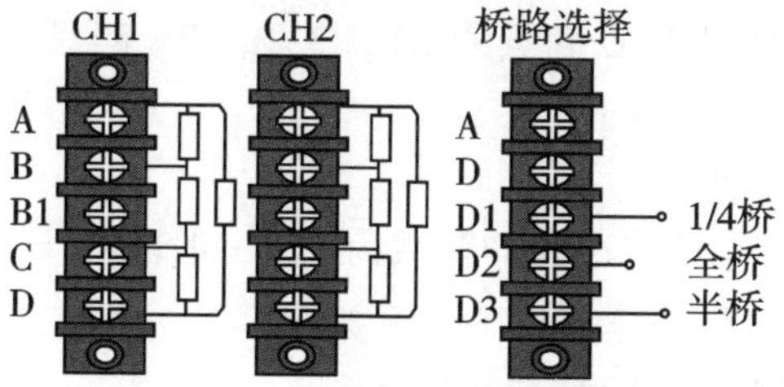

图 3-18　应变片与应变仪接线图

（三）实验仪器设备及工具

1. 弯扭组合实验装置（图 3-19）。

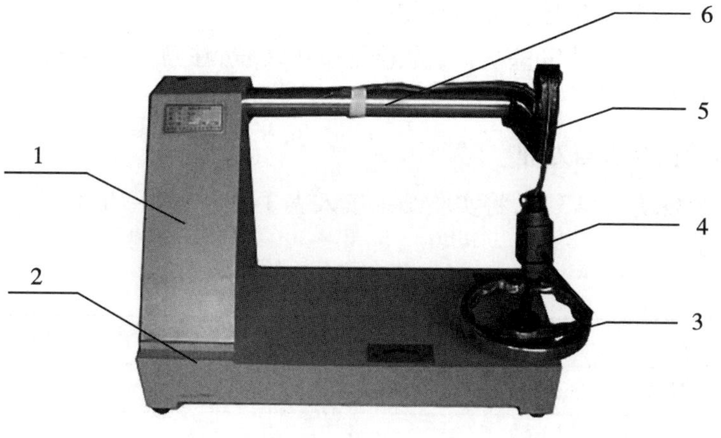

1—固定支架；2—实验台底座；3—加载手轮；4—加载传感器；5—扇形臂；6—扭转筒（贴有应变片）

图 3-19　弯扭组合实验装置

2. XL2118A 静态电阻应变仪。

3. 游标卡尺、钢板尺。

(四)实验步骤

1. 设计好本实验所需的各类数据表格。

2. 测量试件尺寸、加力臂长度和测点距力臂的距离,确定试件有关参数。

3. 将空心圆管上的应变片按不同测试要求接到仪器上,组成不同的测量电桥。调整好仪器,检查整个测试系统是否处于正常工作状态。

①主应力大小、方向测定:将 B 或 D 点的三个应变片按半桥单臂、公共温度补偿法组成测量线路进行测量。

②弯曲正应力测定:将 B 和 D 两点的 R5 和 R11 两只应变片按半桥双臂组成测量线路进行测量 ε_M ($\varepsilon_M = \frac{\varepsilon_d}{2}$)。

③扭转剪应力测定:将 A 和 C 两点的 R1、R3、R7、R9 四只应变片按全桥方式组成测量线路进行测量 ε_n ($\varepsilon_n = \frac{\varepsilon_d}{4}$)。

4. 拟订加载方案。可先选取适当的初载荷 P_0(一般取 $P_0 = 10\% P_{max}$ 左右),估算 P_{max}(该实验载荷范围 $P_{max} \leqslant 700$ N),分 4 ~6 级加载。

5. 根据加载方案,调整好实验加载装置。

6. 加载。均匀缓慢加载至初载荷 P_0,记下各点应变的初始读数;然后分级等增量加载,每增加一级载荷,依次记录各点电阻应变片的应变值,直到最终载荷。实验至少重复两次。

7. 做完实验后,卸掉载荷,关闭电源,整理好所用仪器设备,清理实验现场,将所用仪器设备复原,实验资料交指导教师检查签字。

8. 实验装置中,圆筒的管壁很薄,为避免损坏装置,注意切勿超载,不能用力扳动圆筒的自由端和力臂。

(五)实验数据分析与处理

试件相关参数填入表 3-8,将实验结果填入表 3-9 和表 3-10 中。

表 3-8　试件相关参数

圆筒的尺寸和有关参数	
计算长度/mm	
外径/mm	
内径/mm	
扇臂长度/mm	
弹性模量/GPa	
泊松比	

表 3-9　B 或 D 主应力实验数据

载荷/N	P							
	ΔP							
各测点实验数据/$\mu\varepsilon$	45°	ε_p						
		$\Delta\varepsilon_p$						
		$\overline{\Delta\varepsilon_p}$						
	0	ε_p						
		$\Delta\varepsilon_p$						
		$\overline{\Delta\varepsilon_p}$						
	−45°	ε_p						
		$\Delta\varepsilon_p$						
		$\overline{\Delta\varepsilon_p}$						

表 3-10　实验原始数据

载荷/N	P							
	ΔP							
实验数据/$\mu\varepsilon$	弯曲正应力	ε_p						
		$\Delta\varepsilon_p$						
		$\overline{\Delta\varepsilon_p}$						
		ε_M						
	扭转剪应力	ε_p						
		$\Delta\varepsilon_p$						
		$\overline{\Delta\varepsilon_p}$						
		ε_n						

1. 主应力及方向，B 点或 D 点实测值主应力及方向计算：

$$\begin{matrix}\sigma_1\\ \sigma_3\end{matrix} = \frac{E(\varepsilon_{45^\circ} + \varepsilon_{-45^\circ})}{2(1-\mu)} \pm \frac{\sqrt{2}E}{2(1+\mu)}\sqrt{(\varepsilon_{45^\circ} - \varepsilon_{0^\circ})^2 + (\varepsilon_{-45^\circ} - \varepsilon_{0^\circ})^2}$$

$$\tan 2\alpha_0 = \frac{(\varepsilon_{45^\circ} - \varepsilon_{-45^\circ})}{(2\varepsilon_{0^\circ} - \varepsilon_{45^\circ} - \varepsilon_{-45^\circ})}$$

2. B 点或 D 点理论值主应力及方向计算：

$$\begin{matrix}\sigma_1\\ \sigma_3\end{matrix} = \frac{\sigma_x}{2} \pm \sqrt{\left(\frac{\sigma_x}{2}\right)^2 + \tau_n^2} \qquad \tan 2\alpha_0 = \frac{-2\tau_n}{\sigma_x}$$

3. 计算弯曲正应力、扭转剪应力：

弯曲正应力：

$$\sigma_x = \frac{M}{W_z}$$

$$W_z = \frac{\pi D^3}{32}\left[1 - \left(\frac{d}{D}\right)^4\right]$$

扭转剪应力：

$$\tau_n = \frac{M_n}{W_T}$$

$$W_T = \frac{\pi D^3}{16}\left[1 - \left(\frac{d}{D}\right)^4\right]$$

实测值计算：

弯曲正应力： $\sigma_x = E\varepsilon_M$

扭转剪应力： $\tau_n = \frac{E\varepsilon_n}{(1 + \mu)}$

4. 实验值与理论值比较。

将结果填入表 3–11 和表 3–12 中。

表 3–11　*B* 点或 *D* 点主应力及方向

比较内容		实验值	理论值	相对误差/%
B 点或 *D* 点	σ_1 /MPa			
	σ_3 /MPa			
	α/°			

表 3–12　弯曲正应力和扭转剪应力

比较内容	实验值	理论值	相对误差/%
σ_M /MPa			
τ_n /MPa			

（六）注意事项

1. 测试仪未开机前，一定不要进行加载，以免在实验中损坏试件；

2. 实验前一定要设计好实验方案，准确测量实验计算用数据；

3. 加载过程中一定要缓慢加载，不可快速进行加载，以免超过预定加载载荷值，造成测试数据不准确，同时注意不要超过实验方案中预定的最大载荷，以免损坏试件，该实验最大载荷 700 N；

4. 实验结束，一定要先将载荷卸掉，必要时可将加载附件一起卸掉，以免误操作损坏试件；

5. 确认载荷完全卸掉后，关闭仪器电源，整理实验台面。

第4章　土工实验指导

一、密度实验

(一)实验目的

土的密度是土的基本物理性质指标之一。通过测定土的密度,以了解土的疏密状态,可为土的其他物理指标换算以及工程设计提供依据。

(二)实验方法

本实验采用环刀法。

(三)实验仪器及材料

1. 环刀:尺寸参数应符合国家现行标准的规定,如图4-1所示。

2. 天平:称量500 g,分度值0.1 g;称量200 g,分度值0.01 g。

3. 游标卡尺:量程0~150 mm,分度值0.02 mm。

4. 其他:切土刀、钢丝锯、玻璃片、凡士林等。

图4-1　环刀

(四)操作步骤

1. 用游标卡尺测量环刀的内径 d 与高度 h(精确至0.02 mm),将环刀放置在天平上称得质量 m_1(精确至0.1 g);

2. 按工程需要取原状土试样或制备所需状态的扰动土试样,其尺寸应大于所用环刀尺寸,整平其两端,将环刀内壁涂一薄层凡士林,刃口向下放在试样上;

3. 用切土刀(或钢丝锯)将土样削成略大于环刀直径的土柱,然后将环刀垂直下压,边压边削,至土样伸出环刀为止,最后将两端余土削去修平;

4. 擦净环刀外壁,称量环刀加土的质量 m_2(精确至0.1 g)。

(五)数据处理

1. 计算土样体积 V:

$$V=\pi d^2 h/4 \tag{4-1}$$

式中:V——土样体积(cm^3);

d——环刀内径(cm);

h——环刀高度(cm)。

2. 计算土样质量 m：

$$m=m_2-m_1 \tag{4-2}$$

式中：m——土样质量(g)；

m_1——环刀质量(g)；

m_2——环刀加土的质量(g)。

3. 计算土样密度 $\rho(g/cm^3)$：

$$\rho=\frac{m}{V} \tag{4-3}$$

式中：ρ——土样密度(g/cm^3)。

（六）注意事项

1. 密度计算精确至 0.01 g/cm^3；

2. 本实验应进行两次平行测定，其最大允许平行差值应为±0.03 g/cm^3。取其算术平均值。

（七）拓展与思考

1. 密度越大是否意味土样越密实？反之呢？

2. 土的三相比例如何调整才能使其密度增大？这些调整可能影响到哪些物理性质指标？

密度与含水率实验

（八）实验记录

将实验结果填入表 4-1 中。

表 4-1　密度实验记录表

环刀编号	环刀直径/cm	环刀高度/cm	环刀质量/g	环刀和土的质量/g	密度/(g/cm^3)	平均值/(g/cm^3)
1						
2						
3						
4						
5						
6						

实验日期：　　　　测试：　　　　记录：　　　　计算：

二、含水率实验

(一)实验目的

土的含水率是土的基本物理性质指标之一。通过测定土的含水率,以了解土的干湿状态,可为土的其他物理指标换算以及工程设计提供依据。

(二)实验原理

土体中的自由水和弱结合水在 105 ~ 110 ℃的温度下全部变成水蒸气挥发,土体粒质量不再发生变化,此时的土重为土颗粒质量加上强结合水质量,挥发掉的水分质量与干土质量之比即为土体含水率。

(三)实验方法

本实验采用烘干法。

(四)实验仪器

1. 烘箱:温度能保持 105 ~ 110 ℃,如图 4-2 所示;
2. 电子天平:称量 200 g,分度值 0.01 g;
3. 电子台秤:称量 5000 g,分度值 1 g;
4. 其他:干燥器、称量盒。

图 4-2　烘箱

(五)操作步骤

1. 将称量盒放置在电子天平或电子台秤上称量,记为 m_1。取有代表性试样(细粒土 15 ~ 30 g,砂类土 50 ~ 100 g,砂砾石 2 ~ 5 kg)放入称量盒内,立即盖好盒盖,称量并记为 m_2(细粒土、砂类土准确至 0.01 g,砂砾石准确至 1 g)。

2. 打开盒盖,将称量盒放入烘箱,在 105 ~ 110 ℃下烘到恒量。烘干时间:对黏质土,不得少于 8 h;对砂类土,不得少于 6 h;对有机质含量为 5% ~ 10% 的土,应将烘干温度控制在 65 ~ 70 ℃的恒温下烘至恒量。

3. 将烘干后的试样和盒取出，盖好盒盖放入干燥器内冷却至室温，称量并记为 m_3。

（六）数据处理

1. 计算土中水的质量 m_w：

$$m_w = m_2 - m_3 \tag{4-4}$$

式中：m_w——土中水的质量（g）；

m_2——湿土与称量盒的质量（g）；

m_3——干土与称量盒的质量（g）。

2. 计算土颗粒的质量 m_s：

$$m_s = m_3 - m_1 \tag{4-5}$$

式中：m_s——土颗粒的质量（g）；

m_1——称量盒的质量（g）；

3. 计算土样含水率 w：

$$w = \frac{m_w}{m_s} \times 100\% \tag{4-6}$$

式中：w——土样含水率。

（七）注意事项

1. 本实验应进行两次平行测定，其最大允许平行差值见表 4-2。取其算术平均值。

表 4-2　含水率测定的最大允许平行差值

含水率 w/%	最大允许平行差值/%
<10	±0.5
10 ~ 40	±1.0
>40	±2.0

（八）拓展与思考

1. 饱和土的含水率是 100% 吗？

2. 含水率的大小影响着土的哪些性状？

（九）实验记录

将实验结果填入表 4-3 中。

表 4-3　含水率实验记录表

盒编号	盒加湿土质量/g	盒加干土质量/g	盒质量/g	含水率/%	含水率平均值/%
1					
2					
3					
4					
5					
6					
7					
8					
9					
10					

实验日期：　　　　　　测试：　　　　　　记录：　　　　　　计算：

三、土粒比重实验

(一)实验目的

土粒相对密度是土的基本物理性质指标之一。通过测定土的相对密度,可为土的孔隙比、饱和度等物理指标换算以及工程设计提供依据。

(二)实验原理

土粒的相对密度是指土粒在(105～110) ℃温度下烘至恒重时的质量与同体积 4 ℃时水的质量之比值,亦称作土粒比重。将已知质量的干土放入比重瓶中并充满水,利用其与充满纯水的比重瓶的质量差异,计算出与干土同体积纯水的质量,从而进一步算出土粒比重。

(三)实验方法

本实验采用比重瓶法。

(四)实验仪器及工具材料

1. 比重瓶:容量 100 mL 或 50 mL 等,如图 4-3 所示;
2. 天平:称量 200 g,分度值 0.001 g;
3. 恒温水槽:最大允许误差应为±1 ℃;
4. 砂浴:应能调节温度,如图 4-4 所示;
5. 温度计:测量范围 0～50 ℃,分度值 0.5 ℃;
6. 筛:孔径 5 mm;

7. 其他：烘箱、纯水、中性液体、漏斗、滴管。

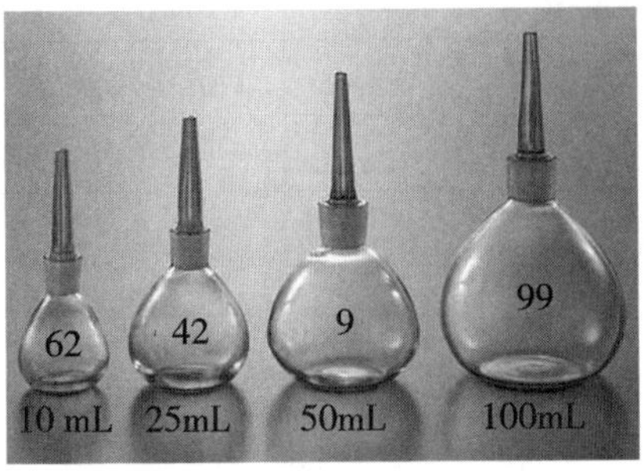

图 4-3　比重瓶

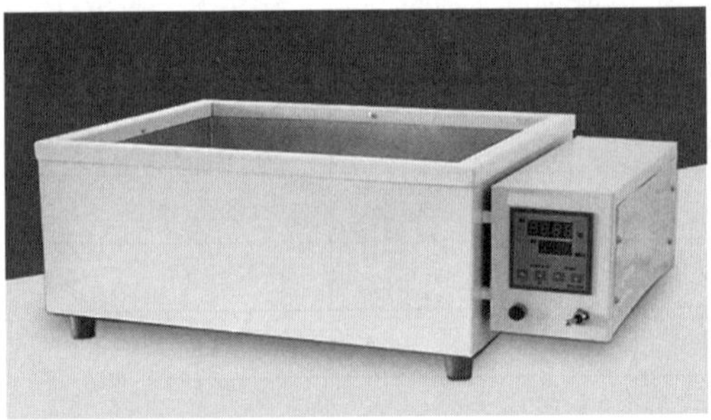

图 4-4　恒温砂浴

（五）操作步骤

1. 绘制瓶、水总质量与温度的关系曲线（对长颈比重瓶，达到刻度为止；对短颈比重瓶，注满）。

2. 取代表性风干试样约 100 g，碾碎过 5 mm 筛。将试样与比重瓶在 100～110 ℃下烘干。称取质量为 m_d 的烘干试样装入比重瓶中（100 mL 比重瓶，取烘干土 15 g 装入；50 mL 比重瓶，取烘干土 12 g 装入）。

3. 向已装有干土的比重瓶注入纯水至瓶的一半处，摇动比重瓶，将瓶放在砂浴上煮沸排气，煮沸时间自悬液沸腾起砂土不得少于 30 min，细粒土不得少于 1 h。煮沸时应注意不使土液溢出瓶外。

4. 将纯水注入比重瓶，当采用长颈比重瓶时，注水至略低于瓶的刻度处；当采用短颈比重瓶时，应注水至近满，有恒温水槽时，可将比重瓶放于恒温水槽内。待瓶内悬液温度稳定及瓶上部悬液澄清。

5. 当采用长颈比重瓶时，用滴管调整液面恰至刻度处，以弯液面下缘为准，擦干瓶外及瓶内壁刻度以上部分的水，称瓶、水、土总质量 m_{bws}；当采用短颈比重瓶时，塞好瓶塞，使多余水分自瓶塞毛细管中溢出，将瓶外水分擦干后，称瓶、水、土总质量 m_{bws}。称量后应测定瓶内水的温度 T。

6. 根据测得的温度，从已绘制的温度与瓶、水总质量关系中查得瓶、水总质量 m_{bw}。

7. 本实验称量应精确至 0.001 g，温度应精确至 0.5 ℃。

（六）数据处理

1. 计算土粒相对密度 G_s：

$$G_s = \frac{m_d}{m_{bw} + m_d - m_{bws}} \times G_{iT} \tag{4-7}$$

式中：m_d——试样的质量（g）；

m_{bw}——比重瓶、水（中性液体）的总质量（g）；

m_{bws}——比重瓶、水（中性液体）、试样的总质量（g）；

G_{iT}——T ℃时纯水（中性液体）的比重（g）。

（七）注意事项

1. 当土粒中含有易溶盐、亲水性胶体或有机质时，应用中性液体代替纯水，用真空抽气法代替煮沸法，排出土中空气。抽气时真空度应接近一个大气负压值（-98 kPa），抽气时间可为 1 ~ 2 h，直至悬液内无气泡逸出时为止。

2. 称重时需擦净瓶外水分。

3. 本实验应进行两次平行测定，其最大允许平行差值应为 0.02。取其算术平均值。

水的密度见表 4-4。

表 4-4　水的密度

水温/℃	4 ~ 5	6 ~ 15	16 ~ 21	22 ~ 25	26 ~ 28	29 ~ 32	33 ~ 35	36
水的密度/（g/cm^3）	1.000	0.999	0.998	0.997	0.996	0.995	0.994	0.993

（八）拓展与思考

1. 土粒的比重取决于什么？

2. 测定土粒比重的关键在于测定土的哪个物理指标？

（九）实验记录

将实验结果填入表 4-5 中。

表 4-5　相对密度实验记录表

比重瓶编号	干土质量/g	比重瓶+水的质量/g	比重瓶+水+土的质量/g	水温/℃	相对密度	相对密度平均值
1						
2						
3						
4						
5						
6						
7						
8						
9						
10						

实验日期：　　　　测试：　　　　记录：　　　　计算：

四、界限含水率实验

（一）实验目的

测定细粒土的液限和塑限并计算土的塑性指标和液性指数，由此确定土的状态，可为土的工程类别划分以及工程设计提供依据。

（二）实验原理

随着含水率的变化，黏性土在流动状态、可塑状态、半固体状态、固体状态之间互相转变。其中，流动状态和可塑状态的分界含水率称为土的液限，可塑状态和半固体状态的分界含水率称为土的塑限。

本实验采用液塑限联合测定法进行测定：根据圆锥仪的圆锥入土深度与其相应的含水率在双对数坐标上具有线性关系的特定性来进行测试。利用圆锥质量为 76 g 的液塑限联合测定仪测得土在不同含水率时的圆锥入土深度，并绘制其线性关系图，在图上查的锥入度 17 mm 所对应的含水率为液限，锥入度 2 mm 所对应的含水率为塑限。

（三）实验方法

本实验采用液塑限联合测定法。

（四）实验仪器及工具材料

1. 液塑限联合测定仪（76 g 圆锥），如图 4–5 所示；
2. 试样杯：直径 40 ~ 50 mm，高 30 ~ 40 mm；
3. 天平：称量 200 g，分度值 0.01 g；
4. 筛：孔径 0.5 mm；
5. 其他：烘箱、干燥缸、铝盒、调土刀、凡士林。

图 4–5　液塑限联合测定仪

（五）操作步骤

以数显式液塑限联合测定仪为例。

1. 土样制备：取风干土土样进行研碎并过 0.5 mm 筛，取过筛的土样 450 g，分成三份，放入三个盛土皿。加入不同量的蒸馏水，分别按接近液限、塑限和二者的中间状态制备不同稠度的试样，静置 24 h。

2. 将制备的试样搅拌均匀，填入试样杯中，填样时不应留有空隙，对较干的试样应充分搓揉，密实地填入试样杯中，填满后刮平表面。

3. 调平机身，将试样杯放在液限仪的升降座上，在圆锥上抹一薄层凡士林。按下“复零”按钮清零读数。

4. 调整升降座，使圆锥尖接触试样表面，此时“接触指示”灯亮；按下“测量”按钮，圆锥在自重下沉入试样，经 5 s 后仪器自动发出声响讯号时，立即从读数屏幕上读出圆锥下沉深度。

5. 改变锥尖与土体接触位置（锥尖两次锥入位置距离不小于 1 cm），入土深度误差为 0.5 mm。试样测定不少于三个点，取其深度的平均值作为试样的入土深度。

6. 把升降座降下，取出试样杯，剔除锥尖处含有凡士林的土，取出锥体附近的试样（不少于 10 g）放入称量盒内，测定其含水率。

7. 重复步骤 2 ~ 6，分别测试其余两个试样。

（六）数据处理

1. 计算各组试样的含水率：计算方法参照“含水率实验”。

2. 以含水率 w 为横坐标，以圆锥入土深度 h 为纵坐标在双对数坐标纸上绘制含水率与相应的圆锥入土深度关系曲线，如图 4-6 所示。绘制方法如下：

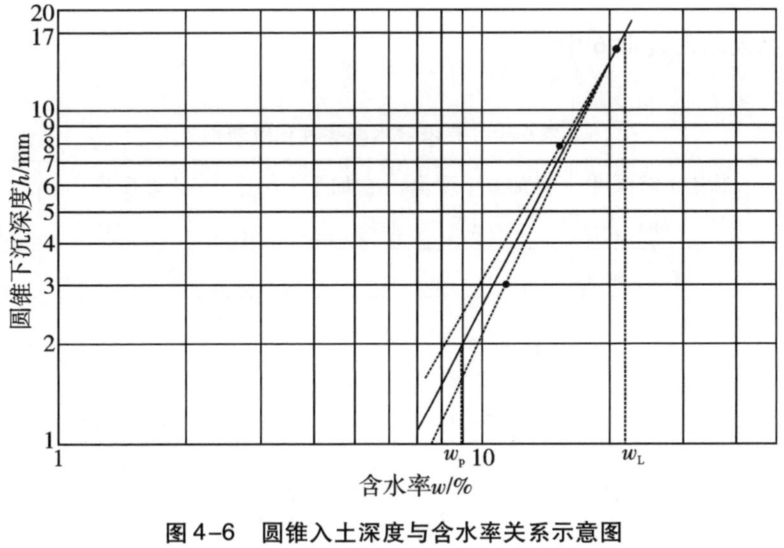

图 4-6　圆锥入土深度与含水率关系示意图

（1）连接此三点，应呈一条直线；

（2）若三点不在一直线上，则通过高含水率的一点分别与其余两点连成两条直线，在圆锥下沉深度为2 mm处查得相应的含水率，若两个含水率的差值小于2%，应以该两点含水率的平均值与高含水率的点连成一直线；

（3）当两个含水率的差值大于2%时，应重做实验。

3. 在锥入深度 h 与含水率 w 关系图上，查得下沉深度为17 mm所对应的含水率为液限 w_L；查得下沉深度为2 mm所对应的含水率为塑限 w_P，以百分数表示，精确至0.1%。

4. 计算土的塑性指数 I_P：

$$I_P = w_L - w_P \tag{4-8}$$

5. 计算土的液性指数 I_L：

$$I_L = \frac{w - w_P}{w_L - w_P} \tag{4-9}$$

式中：w——试样的天然含水率(%)。

（七）注意事项

1. 当确定土的液限值用于了解土的物理性质及塑性土分类时，以下沉深度为17 mm所对应的含水率为液限 w_L；当采用现行国家标准《建筑地基基础设计规范》(GB 50007—2011)确定黏性土承载力标准值时，以下沉深度为10 mm所对应的含水率为液限 w_L。

2. 土样分层装杯时，注意土中不能留有空隙。

（八）拓展与思考

1. 为何本次实验以圆锥入土深度17 mm作为液限？固体与流体的主要区别是什么？

2. 塑性指数的大小意味着什么？

（九）实验记录

将实验结果填入表4-6中。

界限含水率实验

表4-6　界限含水率实验记录表

盒编号	圆锥下沉深度 /mm	盒加湿土质量 /g	盒加干土质量 /g	盒质量 /g	含水率 /%
1					
2					
3					
土样天然含水率/%		液限/%		塑性指数	
		塑限/%		液性指数	

实验日期：　　　　测试：　　　　记录：　　　　计算：

五、击实实验

(一)实验目的

测定不同含水率的土样在固定击实功能下的干密度,分析它们之间的关系,由此确定土的最大干密度和与之对应的最佳含水率,可为土的压实度计算以及工程设计提供依据。通过实验,结合知识点分析如何提高一盘散沙的强度。以一盘散沙为结合点,并将伟大建党精神融入课程,带领大家思考为什么中国共产党可以救中国,体会凝聚力的力量。

(二)实验原理

在压实过程中,采用恒定质量的击锤,以相同的高度和次数击实不同含水率的土样,从而保证压实功能和压实方法不变,以此来观察压实土其含水率与干密度之间的关系。此时,土的干密度先是随着含水率的增加而增加,但当干密度达到某一最大值后,含水率的增加反而使干密度减小。能使土达到最大干密度的含水率为最佳含水率 w_{op},其相应的干密度为最大干密度 ρ_{dmax}。

(三)实验方法

本实验采用轻型击实法。

(四)实验仪器及工具材料

1. 标准击实仪:轻型,击实筒内径 102 mm,高 116 mm,击锤质量 2.5 kg,落距 305 mm,如图 4-7 所示;

2. 天平:称量 200 g,分度值 0.01 g;

3. 台秤:称量 10 kg,分度值 1 g;

4. 筛:孔径 5 mm;

5. 其他:烘箱、干燥缸、铝盒、调土刀、凡士林等。

图 4-7　标准击实仪

(五)操作步骤

1. 取一定量的有代表性的干土试样,将土样碾碎过 5 mm 的筛,制备土样约 10 kg。

2. 根据土的塑限预估最佳含水率,加水湿润制备 5 组含水率不同的试样,含水率依次相差 2%(2 组含水率大于塑限,2 组含水率小于塑限,1 组含水率接近塑限)。

3. 取试样 2 kg 置于盛土盘中,按预定含水率加水,充分拌和后静置 24 h。

4. 在击实筒内壁涂一薄层凡士林,称取击实筒质量。将击实筒固定在底板上,装好套筒。将预先制备好的试样分层装入击实筒内,分3层击实,每层25击,两层接触土面应刮毛。击实完成后,超出击实筒顶的试样高度应小于6 mm。

5. 用修土刀沿套筒内壁削刮,扭动并取下套筒。用修土刀修平超出击实筒顶部和底部的试样,擦净击实筒外壁,称击实筒与试样的总质量,计算试样的湿密度。

6. 用推土器将试样从击实筒中推出,从试样中心处取两份土样(15 ~ 30 g),测定土的含水率。

7. 按上述步骤再进行其余4个试样的击实实验。

(六)数据处理

1. 计算各组试样的密度及含水率:

计算方法参照“密度实验”及“含水率实验”。

2. 计算各组试样的干密度:

$$\rho_d = \frac{\rho}{1 + w_i} \tag{4-10}$$

式中:ρ_d——试样的干密度(g/cm³);

ρ——试样的湿密度(g/cm³);

w_i——试样的含水率(%)。

3. 曲线绘制:

以干密度为纵坐标,含水率为横坐标,绘制击实曲线,如图4-8所示。曲线上峰值点的纵、横坐标分别为最大干密度和最佳含水率。如曲线不能绘出明显的峰值点,应进行补点或重做。

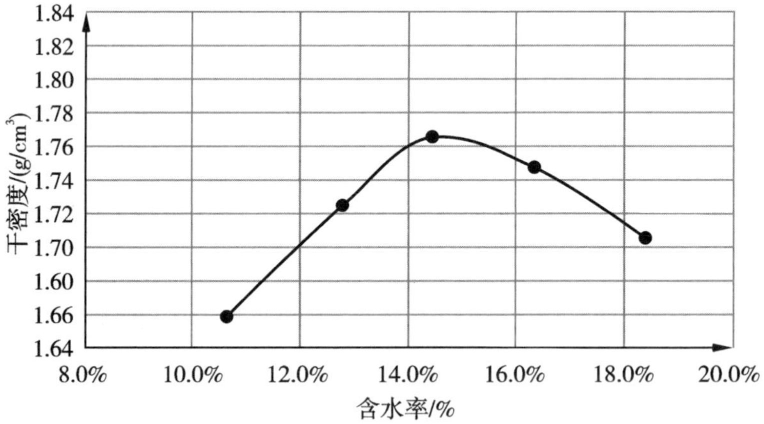

图4-8 击实曲线示意图

(七)注意事项

1. 每次击实应将击实锤提至最高处再自由落下,击实过程中保持击实筒竖直不偏斜。

2. 击实点应均匀分布，相邻两层交接面的土应刨毛。

（八）拓展与思考

1. 除了含水率之外，还有哪些因素会影响土的干密度？
2. 随着含水率的不断增大，为何土的干密度会呈现先升后降的趋势？

（九）实验记录

将实验结果填入表 4-7 中。

击实实验

表 4-7　击实实验记录表

组号	含水率					干密度				
	盒加湿土质量/g	盒加干土质量/g	盒质量/g	含水率/%	含水率平均值/%	筒加土质量/g	筒质量/g	湿土质量/g	湿密度/(g/cm³)	干密度/(g/cm³)
1										
2										
3										
4										
5										
最佳含水率/%						最大干密度/(g/cm³)				
击锤质量/kg						落距/mm				
筒体积/cm³						每层击数/次				

实验日期：　　　　　测试：　　　　　记录：　　　　　计算：

六、固结实验

（一）实验目的

测定土的压缩性指标——压缩系数和压缩模量，了解土的压缩性，可为地基设计计算提供依据。

(二)实验原理

将土样放在固结仪上的金属容器内,在有侧限的条件下采用砝码通过杠杆加压施加压力,通过测定土样在各级垂直荷载作用下产生的变形,计算各级荷载下相应的孔隙比,以此确定土的压缩系数和压缩模量等。

(三)实验方法

本实验采用快速固结法。

(四)实验仪器及工具材料

1. 固结仪:由环刀、护环、透水石、加压上盖和量表架等组成,如图4-9所示;

2. 天平:称量200 g,分度值0.01 g;

3. 百分表:量程10 mm,分度值为0.01 mm;

4. 其他:烘箱、干燥缸、铝盒、调土刀、凡士林等。

图4-9　三联固结仪

(五)操作步骤

1. 环刀取样并测定土样初始密度、含水率及土粒比重:具体步骤参照“密度实验”“含水率实验”“土粒比重实验”,取样后用圆玻璃片将环刀两端盖上,防止水分蒸发。

2. 在固结仪的固结容器内放入刚性护环,在土样两端贴上洁净而润湿的滤纸,将带有试样的切土环刀(刀口向下)装入护环,在试样顶部放上透水石,然后放入加压导环和加压上盖以及定向钢球。

3. 检查各部分连接处是否转动灵活。平衡加压部分,即转动平衡锤,目测杠杆水平时,将装有土样的压缩部件放到框架内上横梁下,调节直至压缩部件之球柱与上横梁压帽之圆弧中心微接触。

4. 横梁与球柱接触后,插入活塞杆,装上百分表,使百分表表脚接触活塞杆顶面,为保证试样与仪器上下各部件之间接触良好,应施加1 kPa的预压压力,然后调整量表,使读数为零。

5. 按照预定的各级压力放置砝码。加压等级宜为12.5 kPa、25 kPa、50 kPa、100 kPa、200 kPa、400 kPa、800 kPa、1600 kPa、3200 kPa。最后一级的压力应大于上覆土层的计算压力100～200 kPa。

6. 每级荷载保持固结24 h或试样变形每小时变化不大于0.01 mm,测记百分表稳定读数后,再施加第2级压力。依次逐级加压至实验结束。

7. 实验结束后,卸下百分表,然后卸掉砝码,升起加压框架,移出压缩仪器,取出试样后将仪器擦洗干净。

(六)数据处理

1. 计算试样的初始密度、初始含水率及土粒比重:

计算方法参照“密度与含水率实验”及“土粒比重实验”。

2. 计算试样初始孔隙比:“密度实验”及“含水率实验”

$$e_0 = \frac{G_s \rho_w (1 + 0.01 w_0)}{\rho_0} - 1 \tag{4-11}$$

式中:G_s——土粒比重;

e_0——试样初始孔隙比;

ρ_w——水的密度,一般可取 1 g/cm^3;

w_0——土样初始含水率(%);

ρ_0——土样初始密度(g/cm^3)

3. 计算各级荷载下的孔隙比:

$$e_i = e_0 - (1 + e_0) \frac{\Delta h_i}{h_0} \tag{4-12}$$

式中:e_0——试样初始孔隙比;

h_0——试样的起始高度(即环刀高度)(mm);

Δh_i——第 i 级荷载作用下变形稳定后的试样总变形量(mm)。

4. 曲线绘制:

以孔隙比 e 为纵坐标,压力 p 为横坐标,可以绘出 $e-p$ 关系曲线,此曲线称为压缩曲线,如图 4-10 所示。

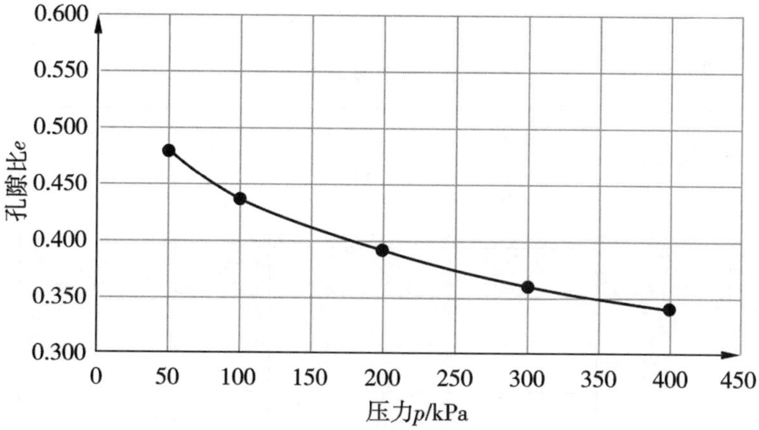

图 4-10　压缩曲线示意图

5. 计算压缩系数:

$$a_0 = \frac{e_1 - e_2}{p_2 - p_1} = \frac{e_1 - e_2}{100} \tag{4-13}$$

式中:e_1——试样在 100 kPa 压力作用下的孔隙比;

e_2——试样在 200 kPa 压力作用下的孔隙比。

采用 100 ~ 200 kPa 压力区间相对应的压缩系数 a_0 来评价土的压缩性:a_0<0.1 MPa^{-1}

为低压缩性土;0.1 $MPa^{-1} \leqslant a_0 < 0.5$ MPa^{-1}为中压缩性土;

6. 计算某一荷载范围的压缩模量:

$$E_s = \frac{1 + e_0}{a_0} \tag{4-14}$$

式中:e_0——试样初始孔隙比;

a_0——100~200 kPa 压力区间相对应的压缩系数(MPa^{-1})。

(七)注意事项

1. 加载等级按需要可定为 50 kPa、100 kPa、200 kPa、300 kPa、400 kPa(1 kPa = 0.001 N/mm^2,五级荷重系累计数值),各级加载时间可定为 10 min,加砝码时应注意安全,防止砝码放置不稳定而受伤。

2. 对于饱和试样,在施加第 1 级压力后,应立即向水槽中注水至满。对非饱和试样,须用湿棉围住加压盖板四周,避免水分蒸发。

(八)拓展与思考

1. 在固结过程中,土的有效应力如何变化?

2. 压缩曲线的陡缓意味着什么?

(九)实验记录

将实验结果填入表 4-8 中。

表 4-8　固结实验记录表

试样初始高度/mm	初始孔隙比	压力/kPa	试样总变形量/mm	孔隙比	压缩系数/MPa^{-1}	压缩模量/MPa

实验日期:　　　　测试:　　　　记录:　　　　计算:

七、直剪实验

(一)实验目的

测定土的抗剪强度指标——内摩擦角和黏聚力,了解土的剪切强度,可为工程设计提供依据。

(二)实验原理

土的抗剪强度一般可分为两部分:一部分与颗粒间的法向应力有关,通常呈正比例关系,其本质是摩擦力;另一部分是与法向应力无关的土粒之间的黏结力,通常称为黏聚力。将同一种土制备几个土样,分别在不同的法向压力下,沿固定的剪切面直接施加水平剪力,测试样破坏时的剪应力,然后根据库仑定律确定土的抗剪强度参数 φ 与 c。

(三)实验方法

本实验采用快剪法,即在施加竖向压力后立即施加水平推力至土样破坏,在整个实验过程中,始终不让土样排水。

(四)实验仪器

1. 应变控制式直剪仪:包括剪切盒(水槽、上剪切盒、下剪切盒),垂直加压框架,负荷传感器或测力计及推动机构等,如图 4-11 所示;

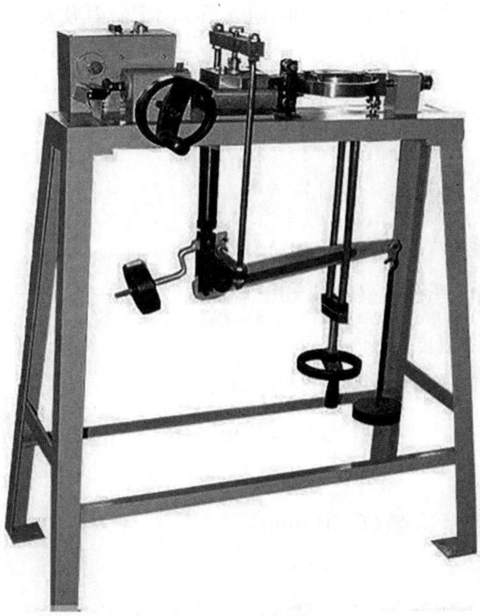

图 4-11　应变控制式直剪仪

2. 天平:称量 500 g,分度值 0.1 g;
3. 百分表:量程 10 mm,分度值为 0.01 mm;
4. 环刀:内径 6.18 cm,高 2 cm;
5. 其他:不透水板、秒表、调土刀等。

(五)操作步骤

1. 制备土样,用环刀从原状土样中切取原状土试样或制备给定干密度及含水率的扰动土试样。

2. 对准剪切仪的上下盒，插入固定销，在下盒内放一块不透水板，将装有试样的环刀平口向下，对准剪切盒口，在试样顶面放不透水板，然后将试样徐徐推入剪切盒内，移去环刀。

3. 转动手轮，使上盒前端的钢球恰好与量力环接触（量表微动表示恰好接触），调整量表读数为零，然后加传压活塞、钢球、压力框架。

4. 轻轻地施加垂直压力，立即拔去固定销，开动秒表，均匀转动手轮进行剪切（手轮的转速为0.8 mm/min，即4 r/min），手轮每转一圈（产生剪切位移0.2 mm）记下量表读数，直到土样剪损为止，土样剪损的标志为量力环的量表读数有显著后退或量表不再增大，宜剪至剪切变形达到4 mm。若剪应力读数继续增加，则剪切变形应达到6 mm为止。

5. 倒转手轮，将垂直压力降为零，尽快移去压力框架、钢球、加压活塞等，取出试样，清理仪器。

6. 本实验至少取四个试样，分别加以不同的垂直压力进行剪切实验。实验步骤重复2~5次。垂直压力一般可取100 kPa、200 kPa、300 kPa、400 kPa。

（六）数据处理

1. 计算每转土样所承受的剪应力（kPa）：

$$\tau_i = \frac{10CR_i}{A_0} \tag{4-15}$$

式中：C——测力计率定系数（N/0.01 mm）；

R_i——每转测力计量表读数（0.01 mm）；

A_0——试样的初始横截面积（cm^2）。

2. 计算每转土样所产生的剪切变形（0.01 mm）：

$$\Delta L_i = 20n - R_i \tag{4-16}$$

式中：n——手轮转数（转）；

R_i——每转测力计量表读数（0.01 mm）。

3. 曲线绘制：

（1）以剪应力τ为纵坐标，剪切位移ΔL为横坐标，绘制剪应力与剪切位移关系曲线，取曲线上剪应力的峰值为抗剪强度S，无峰值时，取剪切位移4 mm所对应的剪应力为抗剪强度。

（2）绘制S-p关系曲线：以抗剪强度S为纵坐标，垂直压力p为横坐标，纵横坐标采用同一比例，如图4-12所示，直线在纵坐标轴上的截距即为黏聚力c，直线的倾角即为土的内摩擦角φ。

（七）注意事项

1. 开始剪切时，一定要切记拔掉销钉，否则试样报废，而且容易损坏仪器，若销钉弹出，还有伤人的危险。

2. 加荷时应轻拿轻放，避免冲击、震动。

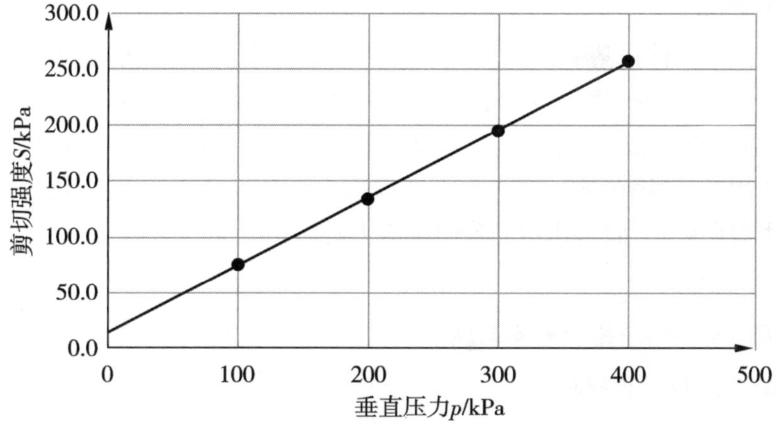

图 4-12　抗剪强度-垂直压力(S-p)关系曲线示意图

3. 摇动手轮时应尽量作到匀速连续转动,不可中途停顿。

(八)拓展与思考

1. 相对于实际情况,快剪实验存在哪些缺陷与不足?
2. 加载速度的快慢会对结果产生哪些影响?

(九)实验记录

将实验结果填入表 4-9 中。

表 4-9　快剪实验记录表

测量计率定系数/(N/0.01 mm)			环刀内径/mm	
垂直压力/kPa	测力计最大读数/0.01 mm	剪切强度/kPa	内摩擦角/°	黏聚力/kPa
100				
200				
300				
400				

实验日期:　　　　　测试:　　　　　记录:　　　　　计算:

八、三轴压缩实验

(一)实验目的

测定土的抗剪强度指标——内摩擦角和黏聚力,了解三轴压缩实验的操作方法和数据处理方式,为工程设计提供依据。

（二）实验原理

通过测定土样试件在某一固定周围压力下的抗剪强度，然后根据三个以上试件，在不同周围压力下测得的抗剪强度，利用摩尔-库仑破坏准则确定土体的抗剪强度参数。一般认为，土体的破坏条件用摩尔-库仑破坏准则表示比较符合实际情况。即土体在各向主应力的作用下，作用在某一应力面上的剪应力与法向应力之比达到某一比值，土体将沿该面发生剪切破坏，而与作用的各向主应力的大小无关。

（三）实验方法

本实验采用不固结不排水剪实验法。

（四）实验仪器及工具材料

1. 应变控制式三轴仪：由反压力控制系统、周围压力控制系统、压力室、孔隙水压力量测系统组成，如图 4-13 所示；

2. 天平：称量 200 g，分度值 0.01 g；

3. 百分表：量程 10 mm，分度值为 0.01 mm；

4. 其他：乳膜薄膜、橡皮筋、透水石、滤纸、切土刀、钢丝锯、毛玻璃板、空气压缩机、真空抽气机、真空饱和抽水缸、称量盒和分析天平等。

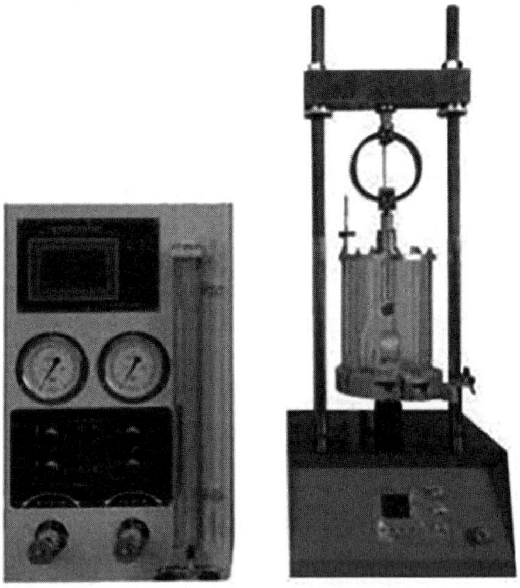

图 4-13　应变控制式三轴仪

（五）操作步骤

1. 试样制备。试样应切成圆柱形状，试样高度 h 与直径 D 之比（h/D）应为 2.0 ~ 2.5，直径 D 为 39.1 mm、61.8 mm 及 101.0 mm。对于较软的土样，用钢丝锯或切土刀在切土盘上制样；对于较硬的土，用切土刀和切土器在切土架上制样。称取切削好试样的质量,准确至 0.1 g,试样的高度和直径用卡尺量测,并计算平均直径。与此同时,取切下的余土,平行测得含水率,取其平均值为试样的含水率。

2. 试样饱和。将试样装入饱和器,置于真空缸内,进行抽气,当真空压力达到 1 个大气压时,开启管夹,使清水注入真空缸内,待水面超过饱和器后,即可停止抽气,然后静止大约 10 h 左右,使试样充分吸水饱和。

3. 对仪器各部分进行全面检查,周围压力系统、反压力系统、孔隙水压力系统、轴向压力系统是否能正常工作,排水管路是否畅通,管路阀门连接处有无漏水漏气现象。乳胶膜是否有漏水漏气现象。

4. 拆开压力室的有机玻璃罩子,将试样放在试样底座的不透水圆板上,在试样的顶部放置不透水试样帽。

5. 将乳胶膜套在承膜筒上,两端翻过来,用吸嘴吸气,使乳胶膜贴紧承膜筒内壁,然后套在试样外放气,翻起乳胶膜,取出承膜筒,用橡皮圈将乳胶膜分别扎紧在试样底座和试样帽上。

6. 装上受压室外罩,安装时应先将活塞提高,以防碰撞试样,然后将活塞对准试样帽中心,并旋紧压力室密封螺帽,再将测力环对准活塞。

7. 向压力室充水,当压力室快注满水时,降低进水速度,当水从排水孔溢出时,关闭排水孔。

8. 打开空压机和周围压力阀,施加所需的周围压力,周围压力的大小应根据土样埋深和应力历史来决定,也可按 100 kPa、200 kPa、300 kPa 施加。

9. 旋转手轮,当测力环的量表微动,表示活塞与试样接触,然后将测力环的量表和轴向位移量表的指针调整到零位。

10. 启动电动机开始剪切,剪切速率宜为每分钟应变 0.5% ~1.0% 。80 mm 高的试样速率为 0.4 ~0.8 mm/min。开始阶段,试样每产生垂直应变 0.3% ~0.4% 时记测力环量表读数和垂直位移量表读数各一次。当接近峰值时应加密读数,如果试样特别松软和硬脆,可酌情减少或加密读数。

11. 当出现峰值后,再进行 3% ~5% 的垂直应变或剪至总垂直应变的 15% 后停止实验,若测力环读数无明显减少则进行 20% 的垂直应变。

12. 实验结束后,关闭电动机,关周围应力阀,拔开离合器,倒转手轮,然后打开排气孔,排去压力室内的水,拆去压力室外罩,取出试样,描述试样破坏的形状,并测得实验后的密度和含水量 。

13. 重复以上步骤分别在不同的围压下进行第二、三、四个试样的实验。

(六)数据处理

1. 计算轴向应变(%):

$$\varepsilon_1 = \frac{\sum \Delta h}{h_0} \times 100\% \tag{4-17}$$

式中：Δh——轴向变形(mm)；

h_0——土样初始高度(mm)。

2. 计算剪切过程中试样的平均面积(cm^2)：

$$A_a = \frac{A_0}{1-\varepsilon_1} \tag{4-18}$$

式中：A_0——土样初始断面积(cm^2)；

ε_1——轴向应变(%)。

3. 计算主应力差(kPa)：

$$\sigma_1 - \sigma_3 = \frac{CR}{A_a} \times 10 = \frac{CR(1-\varepsilon_1)}{A_0} \times 10 \tag{4-19}$$

式中：σ_1——大主应力(kPa)；

σ_3——小主应力(kPa)；

C——测力计率定系数(N/0.01 mm)；

R——测力环量表读数(0.01 mm)；

10——单位换算系数。

4. 曲线绘制：

以主应力差$\sigma_1-\sigma_3$为纵坐标，轴向应变ε_1为横坐标，绘制主应力差与轴向应变关系曲线，若有峰值时，取曲线上主应力差的峰值作为破坏点；若无峰值时，则取15%轴向应变时的主应力差值作为破坏点。

以剪应力为纵坐标，法向应力为横坐标，在横坐标轴上以破坏时的主应力和的一半为圆心，以主应力差的一半为半径，在坐标系上绘制破坏总应力圆，并绘制不同周围应力下诸破坏总应力圆的包线，包线的倾角为内摩擦角，包线在纵坐标上的截距为黏聚力，如图4-14所示。

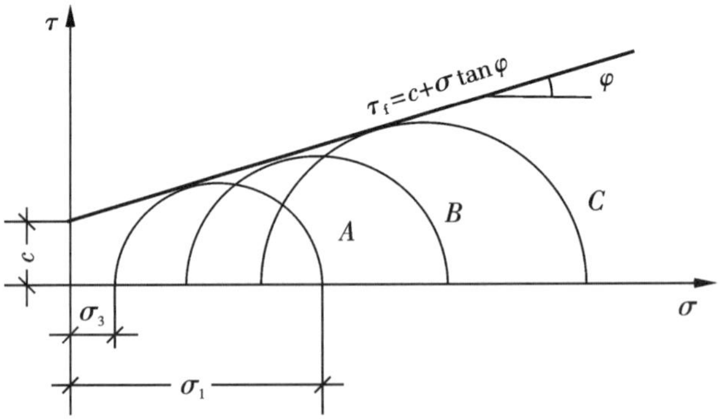

图4-14　摩尔-库伦强度包线

(七)拓展与思考

1. 分析直剪实验和三轴实验的优缺点和适用范围?

2. 三轴实验中的排水、固结与否在实际工况中意味着什么？对应着什么样的情形？

（八）实验记录

将实验结果填入表 4-10 中。

表 4-10　三轴实验记录表

周围压力/kPa	垂直位移量表读数/mm	测力环量表读数/0.01 mm	轴向应变/%	试样平均面积/cm²	主应力差/kPa	大主应力/kPa	圆心	半径
100								
200								
300								
400								
试样初始高度/mm		试样初始横截面积/cm²			测量计率定系数/(N/0.01 mm)			
摩擦角 φ/°				黏聚力 c/kPa				

实验日期：　　　　　测试：　　　　　记录：　　　　　计算：

九、颗粒分析实验

（一）实验目的

测定土的颗粒级配指标——不均匀系数与曲率系数，绘制颗粒级配曲线，从而进一步了解土粒的大小及组成情况，可为工程设计提供依据。通过实验，体会颗粒级配良好的意义。

（二）实验原理

土的颗粒组成在一定程度上反映了土的性质，工程上常依据颗粒组成对土进行分类，筛析法将土样通过各种不同孔径的筛子，并按筛子孔径的大小将颗粒加以分组，然后再称量并计算出各个粒组占总量的百分数。

（三）实验方法

本实验采用筛分法。

（四）实验仪器及工具材料

1. 粗筛：孔径为 60 mm、40 mm、20 mm、10 mm、5 mm、2 mm；
2. 细筛：孔径为 2.0 mm、1.0 mm、0.5 mm、0.25 mm、0.1 mm、0.075 mm；
3. 天平：称量 1000 g，分度值 0.1 g；称量 200 g，分度值 0.01 g；

4. 台秤：称量 5 kg，分度值 1 g；

5. 振筛机：如图 4-15 所示；

6. 其他：烘箱、量筒、漏斗、瓷杯、附带橡皮头研杵的研钵、瓷盘、毛刷、匙、木碾。

图 4-15　土壤分析筛及振筛机

（五）操作步骤

1. 从风干、松散的土样中，用四分法按下列规定取出代表性试样（称量应准确至 0.1 g；当试样质量大于 500 g 时，应准确至 1 g）：

1）粒径小于 2 mm 的土取 100～300 g；

2）最大粒径小于 10 mm 的土取 300～1000 g；

3）最大粒径小于 20 mm 的土取 1000～2000 g；

4）最大粒径小于 40 mm 的土取 2000～4000 g；

5）最大粒径小于 60 mm 的土取 4000 g 以上。

2. 将试样过 2 mm 细筛，分别称出筛上和筛下土质量。

3. 若 2 mm 筛下的土小于试样总质量的 10%，则可省略细筛筛析。若 2 mm 筛上的土小于试样总质量的 10%，则可省略粗筛筛析。

4. 取 2 mm 筛上试样倒入依次叠好的粗筛的最上层筛中；取 2 mm 筛下试样倒入依次选好的细筛最上层筛中，进行筛析。细筛宜放在振筛机上震摇，震摇时间应为 10～15 min。

5. 由最大孔径筛开始，顺序将各筛取下，在白纸上用手轻叩摇晃筛，当仍有土粒漏下时，应继续轻叩摇晃筛，至无土粒漏下为止。漏下的土粒应全部放入下级筛内，并将留在各筛上的试样分别称量，当试样质量小于 500 g 时，准确至 0.1 g。

6. 筛前试样总质量与筛后各级筛上和筛底试样质量的总和的差值不得大于试样总质量的 1%。

（六）数据处理

1. 计算小于某粒径的试样质量占试样总质量百分数：

$$X = \frac{m_A}{m_B} \times 100\% \tag{4-20}$$

式中：m_A——小于某粒径的试样质量(g)；

m_B——当细筛分析时所取试样质量(粗筛分析时则为试样总质量)(g)。

2. 以小于某粒径的试样质量占试样总质量的百分数为纵坐标，颗粒粒径为横坐标，在单对数坐标上绘制颗粒大小分布曲线，如图 4-16 所示。

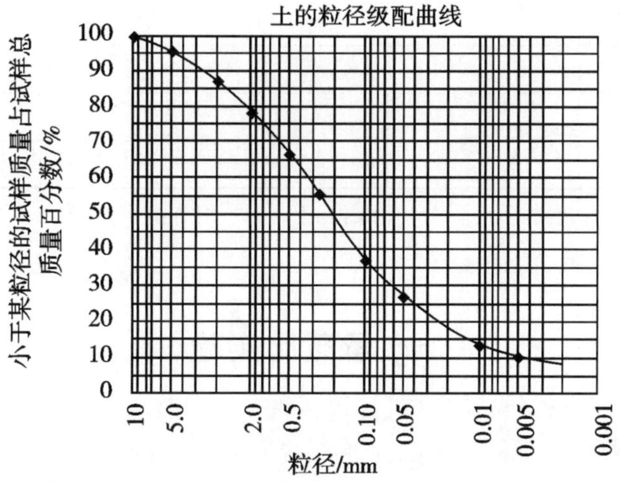

图 4-16　颗粒大小分布曲线示意图

3. 计算不均匀系数 C_u：

$$C_u = \frac{d_{60}}{d_{10}} \tag{4-21}$$

式中：d_{10}——有效粒径(mm)，在粒径分布曲线上小于该粒径的土含量占总土质量的10% 的粒径；

d_{60}——限制粒径(mm)，在粒径分布曲线上小于该粒径的土含量占总土质量的60% 的粒径。

4. 计算曲率系数 C_c：

$$C_c = \frac{d_{30}^2}{d_{10}d_{60}} \tag{4-22}$$

式中：d_{30}——在粒径分布曲线上小于该粒径的土含量占总土质量的 30% 的粒径(mm)。

(七)拓展与思考

1. 不均匀系数与曲率系数的大小对于土的粒径来说，意味着什么？

2. 观察并对比级配良好与不良的土样，思考级配良好的土有哪些优点？

颗粒分析实验

(八)实验记录

将实验结果填入表 4-11 中。

表 4-11　颗粒分析实验记录表

实验筛编号	孔径/mm	累计留筛土质量/g	小于某粒径的试样质量 m_A/g	小于某孔径的试样质量占试样总质量的百分数 X/%
总计				

实验日期：　　　　测试：　　　　记录：　　　　计算：

十、承载比实验

(一)实验目的

测定土的承载比值，确定土样的承载能力，可为路面、路基的设计提供依据。

(二)实验原理

将土样按路基施工时的最佳含水率及压实度要求在击实仪内制备试件。为了模拟材料在使用过程中的最不利状态，加载前泡水四昼夜。在浸水过程中及贯入实验时，在试件顶面施加荷载板，以模拟路面结构对土基的附加应力。贯入实验中，材料的承载能力越高，对其压入一定贯入深度所需施加的荷载越大。

(三)实验仪器

1. 击实仪：轻型，击实筒内径 152 mm，高 166 mm，击锤质量 4.5 kg，落距 457 mm。

2. 贯入仪：测力量程应不低于 50 kN，最小贯入速度应能调节至 1 mm/min；贯入杆的端面直径 50 mm，杆长 100 mm，如图 4-17 所示。

3. 天平：称量 1000 g，分度值 0.1 g；称量 200 g，分度值 0.01 g。

4. 台秤：称量 5 kg，分度值 1 g。

5. 百分表：2 只，量程分别为 10 mm 和 30 mm，分度值 0.01 mm。

6. 标准筛：孔径为 20 mm、5 mm。

7. 土壤膨胀仪，如图 4-18 所示。

8. 其他：刮刀、修土刀、直尺、量筒、土样推出器、烘箱、盛土盘。

图4-17　承载比贯入仪

图4-18　土壤膨胀仪

(四)操作步骤

1. 试样制备:取风干土样约20 kg,过20 mm筛,以最优含水率备料进行重型击实实验,制备3个击实试样。

2. 将试样表面修平并铺上滤纸,放上多孔底板,并应用拉杆将试样筒与多孔底板固定好。

3. 倒转试样筒,取一层滤纸铺于试样的另一表面,并在该面上放置带有调节杆的多孔顶板,再放上8块荷载块。

4. 将整个装置放入水槽,先不放水,安装好百分表,并读取初始读数。

5. 向水槽内缓缓注水,使水自由进入试样的顶部和底部,注水后水槽内水面应保持在荷载块顶面以上大约25 mm位置,使试样浸水4 d;浸水期间可根据需要以一定时间间隔读取百分表的读数。

6. 卸下百分表,从水槽中取出试样,吸去试样顶面的水,静置15 min让其排水,卸去荷载块、多孔顶板和有孔底板,取下滤纸,并称试样筒和试样总质量,计算试样的含水率与密度的变化。

7. 将试样放到贯入仪的升降台上,调整升降台的高度,使贯入杆与试样顶面刚好接触,并在试样顶面放上8块荷载块。

8. 在贯入杆上施加45 N荷载,将测力计量表和百分表读数调整至零点。

9. 加荷使贯入杆以1～1.25 mm/min的速度压入试样,按测力计量表的整读数(如20 kN、40 kN、60 kN)记录相应的贯入量,并使贯入量达2.5 mm时的读数不得少于5个,当贯入量读数为10～12.5 mm时可终止实验。

10. 按照步骤2～9进行其余2个试样的平行实验,每个试样间的干密度最大允许差值应为±0.03 g/cm^3。

(五)数据处理

1. 计算贯入量为2.5 mm时的承载比:

$$CBR_{2.5} = \frac{p}{7000} \times 100 \tag{4-23}$$

式中：p——贯入量为 2.5 mm 时的单位压力（kPa）。

2. 计算贯入量为 5.0 mm 时的承载比：

$$CBR_{5.0} = \frac{p}{10500} \times 100 \tag{4-24}$$

式中：p——贯入量为 5.0 mm 时的单位压力（kPa）。

3. 以单位压力（p）为横坐标，贯入量（l）为纵坐标，绘制 $p-l$ 曲线，如图 4-19 所示。若曲线开始段是凹曲线，应进行修正。修正的方法为：在变曲率点引一切线，与纵坐标交于 O'点，这 O'点即为修正后的原点。

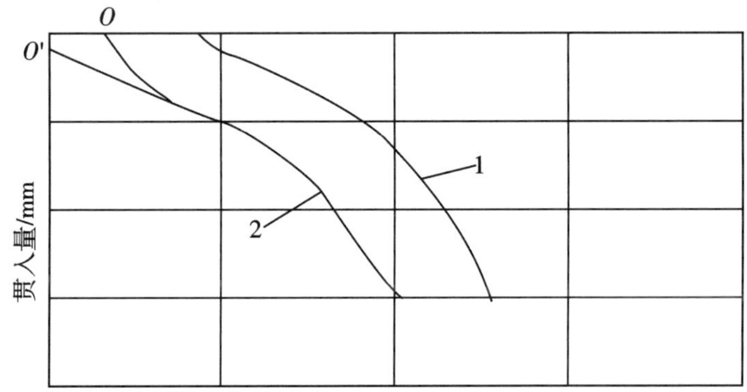

图 4-19　单位压力与贯入量的关系曲线示意图

（六）注意事项

1. 承载比一般是指贯入量为 2.5 mm 时的承载比，当贯入量为 5.0 mm 时的承载比大于 2.5 mm 的承载比时，实验应重新进行。当实验结果仍然相同时，应采用贯入量为 5.0 mm 时的承载比。

2. 当 3 个试样实验结果所得承载比的变异系数大于 12% 时，去掉一个偏离大的值，实验结果取其余 2 个结果的平均值；当变异系数小于 12% 时，实验结果取 3 个结果的平均值。

（七）拓展与思考

承载比的影响因素有哪些？

（八）实验记录

将实验结果填入表 4-12 中。

表 4-12　承载比实验记录表

贯入量/0.01 mm			测力计量表读数/0.01 mm	单位压力/kPa
百分表Ⅰ读数	百分表Ⅱ读数	平均值		
$CBR_{2.5}$/%			$CBR_{5.0}$/%	

实验日期：　　　　测试：　　　　记录：　　　　计算：

十一、无侧限抗压强度实验

(一)实验目的

测定地基土的天然强度及其参数和灵敏度，可为工程设计提供依据。

(二)实验原理

无侧限抗压强度，是指试样在无侧向压力条件下，抵抗轴向压力的极限应力。无侧限抗压实验的强度值常作为土体(特别是软黏土)的天然强度值，也是确定土体灵敏度指标(土的灵敏度是指原状土的无侧限抗压强度与重塑后的无侧限抗压强度之比值)的主要方法。

(三)实验方法

本实验加荷方式采用应变控制法。

(四)实验仪器

1. 应变控制式无侧限压缩仪，如图 4-20 所示；
2. 百分表：量程 30 mm，分度值 0.01 mm；
3. 天平：称量 1000 g，分度值 0.1 g；
4. 其他：秒表、铜垫板、卡尺、切土盘、直尺、削土刀、钢丝锯、薄塑料布、凡士林。

(五)操作步骤

1. 试样制备。试样应切成圆柱形状，试样高度 h 与直径 D 之比(h/D)应为 2.0 ~ 2.5，直径 D 为 3.5 ~ 4.0 cm。对于较软的土样，用钢丝锯或切土刀在切土盘上制样；对于较硬的土，用切土刀和切土器在切土架上制样。称取切削好试样的质量，准确至 0.1 g，试样的高度和直径用卡尺量测，并计算平均直径。与此同时，取切下的余土，平行测得含水率，取其平均值为试样的含水率。

2. 将试样两端抹一薄层凡士林，当气候干燥时，试样侧面亦需抹一薄层凡士林防止水分蒸发。

图 4-20　应变控制式无侧限压缩仪

3. 将试样放在下加压板上，升高下加压板，使试样与上加压板刚好接触。将轴向位移计、轴向测力计读数均调至零位。

4. 下加压板宜以每分钟轴向应变为 1% ~3% 的速度上升，使实验在 8 ~10 min 内完成。

5. 轴向应变小于 3% 时，每 0.5% 应变测记轴向力和位移读数 1 次；轴向应变达 3% 以后，每 1% 应变测记轴向位移和轴向力读数 1 次。

6. 当轴向力的读数达到峰值或读数达到稳定时，应再进行 3% ~5% 的轴向应变值即可停止实验；当读数无稳定值时，实验应进行到轴向应变达 20% 为止。

7. 实验结束后，迅速下降下加压板，取下试样，描述破坏后形状，测量破坏面倾角。

（六）数据处理

1. 计算试样的轴向应变：

$$\varepsilon_1 = \frac{\Delta h}{h_0} \times 100\% \tag{4-25}$$

式中：Δh——轴向变形（mm）；

h_0——土样初始高度（mm）。

2. 计算试样的平均面积（cm^2）：

$$A_a = \frac{A_0}{1 - \varepsilon_1} \tag{4-26}$$

式中：A_0——土样初始断面积（cm^2）；

ε_1——轴向应变（%）。

3. 计算试样的轴向应力（kPa）：

$$\sigma = \frac{CR}{A_a} \times 10 = \frac{CR(1 - \varepsilon_1)}{A_0} \times 10 \tag{4-27}$$

式中：C——测力计率定系数（N/0.01 mm）；

R——测力计读数(0.01 mm)；

10——单位换算系数。

4. 以轴向应力为纵坐标，轴向应变为横坐标，绘制应力应变曲线，如图 4-21 所示。取曲线上的最大轴向应力作为无侧限抗压强度 q_u。最大轴向应力不明显时，取轴向应变为 15% 对应的应力作为无侧限抗压强度 q_u。

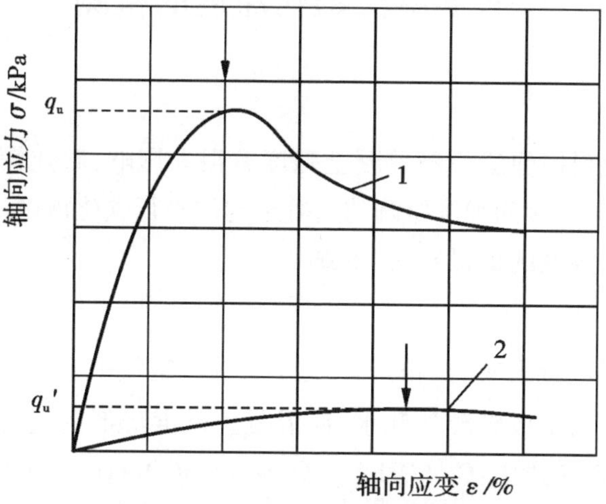

图 4-21　应力应变曲线示意图

(七)拓展与思考

1. 分析无侧限抗压强度实验和三轴实验之间的区别和联系？
2. 无侧限抗压强度与哪种三轴实验的结果相等？

(八)实验记录

将实验结果填入表 4-13 中。

无侧限抗压强度实验

表 4-13　无侧限抗压强度实验记录表

垂直位移量表读数/mm	测力计读数/0.01 mm	轴向应变/%	试样平均面积/cm^2	试样轴向应力/kPa
试样初始高度/mm		试样初始直径/mm		测力计率定系数/(N/0.01 mm)	

实验日期：　　　　测试：　　　　记录：　　　　计算：

第5章　工程质量检测实践指导

一、混凝土碳化深度的检测

(一)实验目的

1. 混凝土的碳化对回弹法检测混凝土强度有很大影响,碳化深度不同,对回弹值的影响也不同。因此,需要对回弹法检测的混凝土构件进行碳化深度的检测。

2. 了解酚酞乙醇溶液的配置方法、步骤。

(二)实验原理

混凝土的碳化是混凝土所受到的一种化学腐蚀。空气中 CO_2 渗透到混凝土内,与其碱性物质起化学反应后生成碳酸盐和水,使混凝土碱度降低的过程称为混凝土碳化,又称作中性化,其化学反应式为:$Ca(OH)_2+CO_2 = CaCO_3+H_2O$。水泥在水化过程中生成大量的氢氧化钙,使混凝土空隙中充满了饱和氢氧化钙溶液,其碱性介质对钢筋有良好的保护作用,使钢筋表面生成难溶的 Fe_2O_3 和 Fe_3O_4,称为钝化膜(碱性氧化膜)。碳化后使混凝土的碱度降低,当碳化超过混凝土的保护层时,在水与空气存在的条件下,就会使混凝土失去对钢筋的保护作用,钢筋开始生锈,碳化会使混凝土的碱度降低,同时,增加混凝土孔溶液中氢离子数量,因而会使混凝土对钢筋的保护作用减弱。由于无色透明的酚酞乙醇溶液在碱性环境下呈紫红色,因此在混凝土的弱碱性部位和碳化部分的中性部位会出现明显的分界线,从而可直观测试混凝土表面碳化深度。

(三)实验仪器设备及工具材料

1. 电子天平:称量 500 g,分度值 0.1 g;

2. 量筒:量程 100 mL,分度值 1 mL;

3. 游标卡尺:量程 0~150 mm,分度值 0.02 mm;

4. 酚酞粉末、无水乙醇、小皮老虎、烧杯、搅拌棒。

(四)实验步骤

1. 用纸垫在电子天平上,去皮后用小勺取酚酞粉末适量到电子天平上称量,直至电子天平显示所取酚酞粉末质量为 1 g 止。

2. 用量筒量取 100 mL 乙醇,倒时注意观察,看到接近 100 mL 时停止,改用滴管滴取乙醇,直至乙醇液面到达量筒 100 mL 处停止。

3. 将称取的酚酞粉末倒入量取的乙醇内,轻轻震荡,使酚酞粉末溶解于乙醇中,若溶解困难,可用搅拌棒搅拌,加速酚酞粉末的溶解,直至溶液清澈为止。

4. 在混凝土表面可采用适当的工具在测区表面形成直径约 15 mm 的孔洞，其深度应大于混凝土的碳化深度（大于 10 mm）。

5. 用小皮老虎吹掉灰尘碎屑，并不得用水擦洗。

6. 立即用 1% 酚酞乙醇溶液滴在该破坏面边缘处。溶液由表向内扩散，已碳化部分不变色，未碳化部分混凝土变成紫红色。

7. 当已碳化部分与未碳化部分界限清楚时，再用游标卡尺测量已碳化和未碳化混凝土交界面到混凝土表面的垂直距离。

（五）实验数据分析与处理

用游标卡尺测量已碳化和未碳化混凝土交界面到混凝土表面的垂直距离，测量次数不少于 3 次，取其平均值，每次读数精确到 0.5 mm。

二、回弹法检测混凝土强度

（一）实验目的

1. 了解回弹仪的基本构造、基本性能、工作原理和使用方法。

2. 熟悉和掌握回弹法检测混凝土抗压强度的技术规程，并能根据实验结果分析计算出混凝土的抗压强度。

（二）实验原理

回弹法检测混凝土强度

1. 回弹法的基本原理

回弹法的基本原理是使用回弹仪的弹击拉簧驱动仪器内的弹击重锤，通过中心导杆，弹击混凝土的表面，并测得重锤反弹的距离，以反弹距离与弹簧初始长度之比为回弹值 R，由它与混凝土强度的相关关系来推定混凝土强度。

回弹值 R 可用下式表示：

$$R = \frac{x}{L} \times 100\% \tag{5-1}$$

式中：L——弹击弹簧的初始拉伸长度；

x——重锤反弹位置或重锤回弹时弹簧的拉伸长度。

目前回弹法测定混凝土强度均采用试验归纳法，建立混凝土强度 f_{cu}^{c} 与回弹值 R 之间的一元回归公式，或建立混凝土强度 f_{cu}^{c} 与回弹值 R 及主要影响因素（如混凝土表面的碳化深度 d）之间的二元回归公式，见下式：

$$f_{cu}^{c} = AR_{m}^{B} \cdot 10^{Cd_{m}} \tag{5-2}$$

式中：f_{cu}^{c} ——某测区混凝土强度换算值；

R_{m} ——该测区平均回弹值；

d_{m} ——该测区平均碳化深度；

A、B、C——常数项,按原材料条件等因素不同而变化。

2. 回弹仪的构造和率定

按我国已经颁布的《回弹法检测混凝土抗压强度技术规程》(JGJ/T 23—2011)的规定,用于普通结构混凝土强度测试的回弹仪质量应符合上述规程所规定的要求。近年来国外新型的回弹仪不断出现,尤以日本和瑞士发展较快,除了在基本构造上仍以锤击回弹为主外,主要的改进之处是回弹值的示值可以自动记录、数字显示,并能按程序进行数据修正和处理。

回弹仪在使用前应在洛氏硬度 HRC 为 60±2 的钢砧上,在室温(20±5)℃的条件下进行率定。钢砧应稳固地平放在刚度大的混凝土实体上,回弹仪向下弹击,取连续弹击三次的稳定回弹值的平均值,弹击杆应分四次旋转,每次旋转约 90°。弹击杆每旋转一次的率定平均值应为 80±2。

3. 回弹法检测混凝土强度的影响因素

(1)回弹仪测试角度的影响。

回弹仪在非水平方向测试时,由于重力作用使测试结果与水平方向不同,这时应根据回弹仪轴线与水平方向的角度 α 对回弹值进行修正。回弹仪结构如图 5-1 所示。

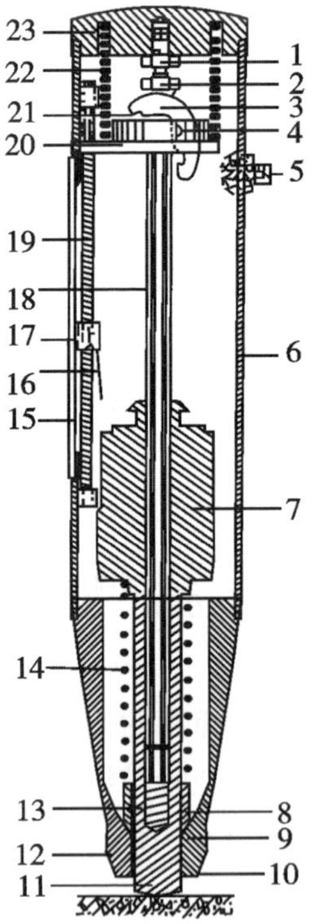

1—紧固螺母;2—调零螺钉;3—挂钩;4—挂钩销子;5—按钮;6—机壳;7—弹击锤;8—拉簧座;9—卡环;10—密封毡圈;11—弹击杆;12—盖帽;13—缓冲压簧;14—弹击拉簧;15—刻度尺;16—指针片;17—指针块;18—中心导杆;19—指针轴;20—导向法兰;21—挂钩压簧;22—压簧;23—尾盖

图 5-1 回弹仪

(2)混凝土不同浇筑面的影响。

混凝土不同的浇筑面有不同的状况,由于混凝土的分层泌水现象,构件底部石子较多,回弹值偏高。因混凝土表层泌水,水灰比略大,面层疏松,使回弹值偏低。所以测试时要尽量选择构件浇筑的侧面,如不能满足,应按不同测试面对回弹值进行修正。

(3)龄期和碳化的影响。

已硬化的混凝土表面受到空气中二氧化碳的作用,与混凝土中的水泥经水化游离出的氢氧化钙发生化学反应,生成硬度较高的碳酸钙,这就是混凝土的碳化现象。随着混凝土硬化龄期的增长,表面产生碳化现象后,使表面硬度随着碳化深度的增加逐渐增大(这对混凝土强度的影响不大),这样使回弹值与强度的增加速率不等,从而显著影响了 $f_{cu}^{c}-R_{m}$ 的相关关系,对于碳化后的混凝土直接采用回弹值来推定混凝土强度时,必然会产生误差。用回弹法测定混凝土强度时,必须测量和考虑碳化深度的影响。

(4)养护方法和温度的影响。

对相同强度等级的混凝土,自然养护的回弹值高于标准的回弹值,这主要是混凝土含水率不同使强度不同,表面硬度也不同。混凝土表面湿度愈大,回弹值愈低。目前尚未找到精度符合要求的不同湿度的修正系数,因此在现场检测时,应尽可能采用干燥状态的混凝土进行测试,以减小湿度对回弹值的影响。

(三)实验仪器设备

1. 混凝土回弹仪;

2. 钢砧:洛氏硬度 HRC 为 60±2。

(四)实验步骤

1. 测区的选择与布置

回弹法检测结构构件混凝土强度有两类方法:一类是单个结构或构件的逐个检测,另一类是成批构件的抽样检测。

单个结构和构件的检测主要用于对混凝土强度质量有怀疑的独立结构,如现浇整体的楼盖、壳体、连续墙、烟囱、水塔等;单独构件如整体结构中的梁、板、柱、屋架和基础,以及有明显施工质量问题和受灾破坏的某些结构或构件等。

成批构件抽样检测主要用于构件厂或工地现场在相同的生产工艺条件下,强度等级相同,原材料和配合比基本一致,同条件养护且龄期相近的成批预制构件。被检测的抽样构件数量应不少于同类构件总数的 30%,且测区总数应不少于 100 个。

所谓"测区",是指每一个被测构件的测试区域。当取一个结构或构件作为混凝土强度检测和评定的最小单元时,至少取 10 个测区。测区的面积控制在 0.04 m^2 内,以能容纳16 个回弹测点为宜。对于长度小于 3 m,高度低于 0.6 m 的结构或构件,其测区数量可适当减少,但不应少于 5 个。相邻两测区的间距应控制在 2 m 以内,测区离构件边缘的距离不宜大于 0.5 m。在结构或构件的受力部位、薄弱部位以及容易产生缺陷的部位(如梁与柱交接的节点处),必须布置测区。测区应优先考虑布置在混凝土浇筑的侧面,即与混凝土浇筑方向相垂直的贴模板的一面。如不能满足时,则可选在混凝土浇筑的表面或底面。布置测区必须避开位于混凝土内保护层附近设置的钢筋和预埋件。测区表面应清洁、平整、干燥,不应有接缝、饰面层,粉刷层、浮浆、油垢和蜂窝麻面等。必要时可采用砂轮清除表面杂物和不平整处,且不应有残留的粉末或碎屑。

2. 回弹值测量

回弹值量测时,回弹仪应始终垂直于结构或构件的检测面,测点不应在气孔或外露石子上。每一测区的两个测试面用回弹仪各弹击 8 个点。如一个测区只有一个测试面时,则需测试 16 个点,同一测点只允许弹击一次。测点应在测区内均匀分布,每一测点的回弹值读数精确至 1,相邻两测点的净距一般不小于 20 mm。测点距构件边缘或外露钢筋、预埋件的距离不得小于 30 mm。体积小、刚度差以及测试部位的厚度小于 100 mm 的构件,测试时应设置支撑,加以固定,防止产生颤动,影响量测精度。

3. 碳化深度测量

回弹值测量完毕后,应选择不少于构件的 30% 测区数,在有代表性的位置上测量碳化深度值。测量碳化深度值时,用合适的工具在测区表面形成直径约为 15 mm 并有一定深度的孔洞。清除孔洞中的碎屑和粉末时,注意不得用水冲洗,应立即用浓度为 1% 的酚酞乙醇溶液滴在孔洞内壁的边缘处,用深度测量工具量测自测试表面至深部不变色边缘处与测面相垂直的距离多次,取其平均值,该距离即为该测区混凝土的碳化深度值。每次量测读数精确至 0.5 mm。

(五)实验数据分析与处理

1. 回弹值的数据处理

(1)回弹值的计算。

计算测区平均回弹值时,应从该测区的 16 个测点的回弹值中分别剔除 3 个最大值和 3 个最小值,然后按余下的 10 个回弹值取平均值:

$$R_{\mathrm{m}}=\frac{\sum_{i=1}^{10} R_i}{10} \tag{5-3}$$

式中:R_{m} ——测区平均回弹值,精确至 0.1;

R_i ——第 i 个测点的回弹值。

当检测回弹仪非水平方向或测试面非混凝土的浇筑侧面时,应分别按《回弹法检测混凝土抗压强度技术规程》(JGJ/T 23—2011)附录表 C 对回弹值进行角度修正,按附录表 D 进行浇筑面修正。如果既是非水平方向又是非混凝土浇筑侧面,则应先进行回弹值角度修正,然后再对修正后的回弹值进行不同浇筑面的修正。

(2)碳化深度值的计算。

每一测区的碳化深度平均值按下式计算:

$$d_{\mathrm{m}}=\frac{\sum_{i=1}^{n} d_i}{n} \tag{5-4}$$

式中：d_m ——测区的平均碳化深度值（mm），计算至 0.5 mm；

d_i ——第 i 次测量的碳化深度值（mm）；

n——测区碳化深度测量次数。

当 d_m <0.5 mm 时，按无碳化（即平均碳化深度 d_m =0）进行处理；如 d_m >6 mm，则按 d_m =6 mm 计算。

2. 结构或构件混凝土强度的计算

（1）测区混凝土强度值的确定。

结构或构件第 i 测区混凝土强度换算值，可按《回弹法检测混凝土抗压强度技术规程》（JGJ/T 23—2011）所求得的平均回弹值 R_m 及平均碳化深度 d_m，由上述规程附录表 E 查得。当有地区或专用测强曲线时，则混凝土强度换算值应按地区或专用测强曲线得出。当强度高于 50 MPa 或低于 10 MPa，附录表 E 查不出时，可记为 f_{cu}^{c} >50 MPa 或 f_{cu}^{c} < 10 MPa，表中未列入的测区强度值可用内插法求得。

（2）结构或构件混凝土抗压强度换算值的平均值和标准差计算。

结构或构件混凝土抗压强度换算值的平均值为：

$$m_{f_{cu}^{c}} = \frac{\sum_{i=1}^{n} f_{cu,i}^{c}}{n} \tag{5-5}$$

式中：$m_{f_{cu}^{c}}$ ——结构或构件混凝土抗压强度换算值的平均值（MPa），精确至 0.1 MPa；

n——对于单个构件测定的结构构件，取一个构件的测区数，对于批量构件，取各抽检构件测区数之和。

结构或构件混凝土强度标准差计算方法如下：

当测区数不少于 10 个时，混凝土强度标准差为：

$$s_{f_{cu}^{c}} = \sqrt{\frac{\sum_{i=1}^{n} (f_{cu,i}^{c})^2 - n(m_{f_{cu}^{c}})^2}{n-1}} \tag{5-6}$$

式中：$S_{f_{cu}^{c}}$ ——结构或构件混凝土强度标准差（MPa），精确至 0.01 MPa。

（3）结构或构件混凝土强度推定值 $f_{cu,e}$。

1）当构件测区数少于 10 个时，应按下式计算：

$$f_{cu,e} = f_{cu,min}^{c} \tag{5-7}$$

式中：$f_{cu,min}^{c}$——构件中最小的测区混凝土强度换算值。

2）当构件的测区强度值中出现小于 10.0 MPa 时，应按下式确定：

$$f_{cu,e} < 10.0\ \text{MPa} \tag{5-8}$$

3）当批量检测时或构件测区数不少于 10 个时，应按下式计算：

$$f_{cu,e} = mf_{cu} - 1.645 s_{f_{cu}^{c}} \tag{5-9}$$

注：构件的混凝土强度推定值是指相应于强度换算值总体分布中保证率不低于 95% 的构件中混凝土抗压强度值。

4)对于按批量检测的构件,当该批构件混凝土强度标准差出现下列情况之一时,该批构件应全部按单个构件检测推定:

①该批构件混凝土强度平均值小于 25 MPa,且 $s_{f^c_{cu}}$ >4.5 MPa;

②该批构件混凝土强度平均值等于或大于 25 MPa,且 $s_{f^c_{cu}}$ >5.5 MPa。

将实验结果填入表 5-1 中,测区混凝土强度换算表见附录 A。

表 5-1　回弹值数据记录表

测点	测区回弹值									
	1	2	3	4	5	6	7	8	9	10
1										
2										
3										
4										
5										
6										
7										
8										
9										
10										
11										
12										
13										
14										
15										
16										
R_m										
碳化深度/mm										
测区换算值/MPa										
平均值/MPa										
标准差/MPa										
推定值/MPa										

三、超声回弹综合法检测混凝土强度

（一）实验目的

1. 了解超声波检测仪基本使用方法。

2. 熟悉和掌握超声回弹综合法检测混凝土强度的技术规程，并能根据实验结果分析计算出混凝土的强度。教育学生处理问题的时候多思考，除了采用直接的方法以外，还可采用间接的方法。

（二）实验原理

1. 超声回弹综合法的基本原理

超声回弹综合法是建立在超声波传播速度和回弹值与混凝土抗压强度之间相互关系的基础上，以超声波速度和回弹值综合反映混凝土抗压强度的一种非破损检测方法。

超声法和回弹法都是以混凝土材料的应力应变行为与强度的关系为依据的。超声波在混凝土材料中的传播速度反映了材料的弹性性质。由于超声波会穿透被检测的材料，因此它反映了混凝土内部构造的有关信息。回弹法的回弹值反映了混凝土的弹性性质，同时在一定程度上也反映了混凝土的塑性性质，但它只能确切反映混凝土表层约 3 cm 左右厚度的状态。当采用超声和回弹综合法时，就既能反映混凝土的弹性，又能反映混凝土的塑性；既能反映混凝土的表层状态，又能反映混凝土的内部构造。这样可以由表及里、较为确切地反映混凝土的强度。

采用超声回弹综合法检测混凝土强度，能对混凝土的某些物理参量在采用超声法或回弹法单一测量时产生的影响得到相互补偿。如在综合法中碳化因素可不予修正，原因是碳化深度较大的混凝土，由于其龄期较长而其含水量相应降低，致使超声波速稍有下降，因此在综合关系中可以抵消回弹上升所造成的影响。所以，用综合法的 $f_{cu}^{c}-v-R_{m}$ 关系推算混凝土强度时，不需测量碳化深度和考虑它所造成的影响。试验证明，超声回弹综合法的测量精度优于超声或回弹的单一方法，减少了量测误差。

2. 超声回弹综合法特点

（1）减少龄期和含水率的影响。

混凝土的声速值除受粗骨料的影响外，还受混凝土的龄期和含水率等因素的影响。而回弹值除受表面状态的影响外，也受混凝土的龄期和含水率的影响，然而混凝土的龄期和含水率对其声速值和回弹值的影响有着本质的不同。混凝土含水率大，超声的声速偏高，而回弹值则偏低；混凝土的龄期长，超声声速的增长率下降，而回弹值则因混凝土碳化深度增大而提高。因此，二者综合起来测定混凝土强度就可以部分减少龄期和含水率的影响。

（2）弥补相互不足。

采用回弹和超声综合法测定混凝土强度，既可内外结合，又能在较低或较高的强度区相互弥补各自的不足,能够较全面地反映结构混凝土的实际质量。

(3)提高测试精度。

由于综合法能减少一些因素的影响程度,较全面地反映整体混凝土质量,所以对提高无损检测混凝土强度精度,具有明显的效果。

鉴于超声回弹综合法具有上述的许多优点,因此在国内多项工程的混凝土强度的检测中采用了这一方法,为工程质量事故的处理提供了重要依据。

(4)其他因素对超声回弹综合法的影响。

超声回弹综合法不适用于检测因冻害、化学侵蚀、水灾、高温等已造成表面疏松、剥落的混凝土。

(三)实验仪器设备及材料

1. 混凝土回弹仪;

2. 钢砧:洛氏硬度 HRC 为 60±2;

3. 超声波检测仪;

4. 换能器、耦合剂。

(四)实验步骤

1. 被测结构或构件准备

检测结构或构件时需要布置测区。测区,是指在进行结构或构件混凝土强度检测时确定的区域。单个构件,是指各层轴线间或同层平面内轴线间的混凝土梁、板、柱、墙等构件,检测时随混凝土龄期和混凝土设计强度等级不同而划分检测批。检测构件的编号如框架柱(A/1)、框架梁(A/3-4)、现浇板(A-B/3-4),以轴线间对应的构件为检测构件。

(1)按单个构件检测时,应在构件上均匀布置测区,且不应少于 10 个。

(2)同批构件按批抽样检测时,构件抽样数不应少于同批构件的 30%,且不应少于 10 件。对一般施工质量的检测和结构性能的检测,可按照现行国家标准《建筑结构检测技术标准》(GB/T 50344—2019)的规定抽样。

(3)对某一方向尺寸不大于 4.5 m 且另一方向尺寸不大于 0.3 m 的构件,其测区数量可适当减少,但不应少于 5 个。

2. 构件测区的布置

(1)在条件允许时,测区宜优先布置在构件混凝土浇筑方向的侧面。

(2)测区可在构件的两个对应面、相邻面或同一平面上布置。

(3)测区宜均匀布置,相邻两测区的间距不宜大于 2 m。

(4)测区宜避开钢筋密集区和预埋件。

(5)测区尺寸宜为 200 mm×200 mm;采用平测时宜为 400 mm×400 mm。

(6)测试面应清洁、平整、干燥,不应有接缝、施工缝、饰面层、浮浆和油垢,并应避开蜂窝、麻面部位,必要时可用砂轮片清除杂物和磨平不平整处,并擦净残留粉尘。

3. 测区编号及测试

结构和构件上的测区应注明编号,并记录测区所处的位置和外观质量情况。每一测区宜先进行回弹测试,然后进行超声测试。对于非同一测区的回弹值及超声声速值,在计算混凝土强度换算值时不得混用。

4. 回弹测试

(1)回弹测试时,应始终保持回弹仪的轴线垂直于混凝土测试面,首先选择混凝土浇筑方向的侧面进行水平方向测试,如不具备浇筑方向侧面水平测试的条件,可采用非水平状态测试,或测试混凝土浇筑的顶面或底面。

(2)测量回弹值应在构件测区内超声波的发射和接收面各弹击 8 个点;超声波单面平测时,可在超声波的发射和接收测点之间弹击 16 个点。每一测点的回弹值,测读精确度至 1。

(3)测点在测区范围内宜均匀布置,但不得布置在气孔或外露石子上。相邻两测点的间距不宜小于 30 mm;测点距构件边缘或外露钢筋、铁件的距离不应小于 50 mm,同一测点只允许弹击 1 次。

5. 超声测试

(1)超声测点应布置在回弹测试的同一测区内。每一测区布置 3 个测点。超声测试宜优先采用对测或角测,当不具备此条件时,可采用单面平测。

(2)超声测试时,换能器辐射面应通过耦合剂与混凝土测试面良好耦合。

(3)声时测量应精确至 0.1 μs,超声测距测量应精确至 1.0 mm,且测量误差不应超过±1%。声速计算应精确至 0.01 km/s。

(五)实验数据分析与处理

1. 测区混凝土抗压强度换算值计算

(1)当粗骨料为卵石时:

$$f^{c}_{cu,i} = 0.0056 v_{ai}^{1.439} R_{ai}^{1.769} \tag{5-10}$$

(2)当粗骨料位碎石时:

$$f^{c}_{cu,i} = 0.0162 v_{ai}^{1.656} R_{ai}^{1.410} \tag{5-11}$$

式中:$f^{c}_{cu,i}$ ——测区混凝土强度换算值(MPa),精确至 0.1 MPa;

v_{ai} ——测区声速代表值(km/s),精确至 0.01 km/s;

R_{ai} ——测区回弹代表值,精确至 0.1。

2. 平均值及标准差计算

当结构或构件中的测区数不少于 10 个时,各测区混凝土抗压强度换算值的平均值和标准差按下式计算:

$$m_{f^{c}_{cu}} = \frac{\sum_{i=1}^{n} f^{c}_{cu,i}}{n} \tag{5-12}$$

$$s_{f_{cu}^{c}}=\sqrt{\frac{\sum_{i=1}^{n}(f_{cu,i}^{c})^{2}-n(m_{f_{cu}^{c}})^{2}}{n-1}} \tag{5-13}$$

式中：$m_{f_{cu}^{c}}$——结构或构件混凝土抗压强度换算值的平均值(MPa)，精确至0.1 MPa；

n——对于单个构件测定的结构构件，取一个构件的测区数，对于批量构件，取各抽检构件测区数之和；

$s_{f_{cu}^{c}}$——结构或构件混凝土强度标准差(MPa)，精确至0.01 MPa。

3. 混凝土抗压强度推定值计算

结构或构件混凝土抗压强度推定值$f_{cu,e}$应按下列规定确定：

(1)当结构或构件的测区抗压强度换算值中出现小于10 MPa的值时，该构件的混凝土抗压强度推定值取小于10 MPa；

(2)当结构或构件中测区少于10个时

$$f_{cu,e}=f_{cu,min}^{c} \tag{5-14}$$

(3)当结构或构件中测区数不少于10个或按批量检测时

$$f_{cu,e1}=m_{f_{cu}^{c}}-1.645S_{f_{cu}^{c}} \tag{5-15}$$

式中：$m_{f_{cu,min}^{c}}$——该批各个构件中最小的测区混凝土强度换算值的平均值(MPa)，精确至0.1 MPa。

将实验结果填入表5-2中。

表5-2　实验记录数据

测点	测区回弹值									
	1	2	3	4	5	6	7	8	9	10
1										
2										
3										
4										
5										
6										
7										
8										
9										
10										
11										
12										

续表 5-2

测点	测区回弹值									
	1	2	3	4	5	6	7	8	9	10
13										
14										
15										
16										
R_m										
平均声速/(km/s)										
测区换算值/MPa										
平均值/MPa										
标准差/MPa										
推定值/MPa										

四、钻芯法检测混凝土强度

(一)实验目的

1. 了解取芯钻机基本使用方法。

2. 熟悉和掌握钻芯法检测混凝土强度的技术规程,并能根据实验结果分析计算出混凝土的强度。

(二)实验原理

1. 钻芯法的基本原理

钻芯法试验是使用专用的取芯钻机,从被检测的结构或构件上直接钻取圆柱形的混凝土芯样,并根据芯样的抗压试验由抗压强度推定混凝土的立方抗压强度。它不需要建立混凝土的某种物理量与强度之间的换算关系,被认为是一种较为直观可靠的检测混凝土强度的方法。由于需要从结构构件上取样,对原结构有局部损伤,所以这是一种能反映被检测结构混凝土实际状态的现场检测的局部破损试验方法。

2. 芯样钻取及加工的技术要求

(1)钻取芯样的钻孔取芯机是带有人造金刚石的薄壁空心圆形钻头的专用机具,由电动机驱动,从被测试件上直接截取与空心筒形钻头内径相同的圆柱形混凝土芯样。取芯机构造如图 5-2 所示。

(2)钻芯法检测适用于混凝土强度等级大于 C10 的结构。

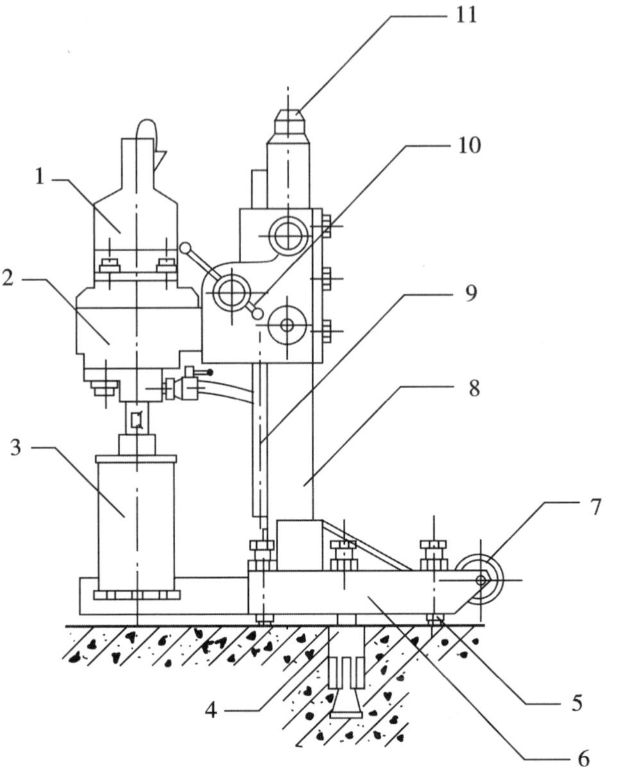

1—电动机;2—变速箱;3—钻头;4—膨胀螺栓;5—支撑螺丝;6—底座;
7—行走轮;8—立柱;9—升降齿条;10—进钻手柄;11—堵盖

图 5–2　取芯机

(3)钻取芯样应在结构或构件受力较小的部位和混凝土强度质量具有代表性的部位,应避开主筋、预埋件和管线的位置,并尽量避开其他钢筋。如与其他非破损检测方法综合测定混凝土强度时,应在同一测区钻取芯样。

(4)钻取芯样前,应事先探明钢筋的位置,芯样试件内不应含有钢筋,特别是不允许有与芯样轴线平行的纵向钢筋,以免影响芯样强度。如不能满足,则每个芯样内最多只允许含有两根直径小于 10 mm 的钢筋,且钢筋应与芯样轴线基本垂直并不得露出端面。

(5)单个构件检测时,每个构件的钻芯数量不应少于 3 个;对于较小的构件,钻芯数量可取 2 个。对构件的局部区域进行检测时,取芯位置和数量可由已知质量薄弱部位的大小决定,检测结果仅代表取芯位置处的混凝土质量,不能据此对整个构件及结构的混凝土强度作出总体评价。

(6)钻取的芯样直径一般不宜小于骨料最大粒径的 3 倍,在任何情况下不得小于骨料最大粒径的 2 倍。钻取芯样的薄壁钻头内径为 100 mm 或 150 mm,芯样抗压试件的高度和直径之比应在 1 ~ 2 的范围内。

(7)为防止芯样端面不平整导致应力集中和实测强度偏低,芯样端面必须进行加工,可在磨平机上磨平，也可用水泥砂浆（或水泥净浆）或硫磺胶泥（或硫磺）等材料在专用补平装置上补平。

（三）实验仪器设备

1. 取芯钻机；

2. 磨平机；

3. 压力试验机；

4. 锯切机。

（四）实验步骤

1. 钻取部位选择

合理选择钻芯位置可减小测试误差，避免出现意外事故。芯样应在结构或构件的下列部位钻取：

（1）结构或构件受力较小的部位。

（2）混凝土强度具有代表性的部位。

（3）便于钻芯机安放与操作的部位。

（4）宜采用钢筋探测仪测试或局部剔凿验证的方法避开主筋、预埋件和管线。

2. 钻取数量确定

在构件上钻取多个芯样时，芯样宜取自不同部位。

单个构件检测数量：

（1）钻芯法确定单个构件的混凝土强度推定值时，芯样试件的数量不应少于 3 个。

（2）钻芯对工作性能影响较大的小尺寸构件，芯样试件数量不得少于 2 个。

检测批检测数量：

（1）芯样试件的数量应根据检测批的容量确定。直径 100 mm 的芯样最小样本容量不宜少于 15 个。

（2）小直径芯样试件的最小样本容量不宜小于 20 个。

（3）芯样应从检测批的结构构件中随机抽取，每个芯样应取自一个构件或结构的局部部位，且取芯位置应符合上述的规定。

3. 钻取芯样

（1）钻芯机就位并安放平稳后，应将钻机固定，以便工作时不致产生位置偏移。固定的方法应根据钻芯机构造和施工现场的具体情况，分别采用顶杆支撑、配重、真空吸附或膨胀螺栓等方法。

（2）钻芯机在未安装钻头之前，应先通电检查主轴的旋转方向。当旋转方向为顺时针时，方可安装钻头。钻芯机主轴的旋转轴线，应调整到与被钻取芯样的混凝土表面相垂直。

（3）钻芯机接通水源、电源后，拨动变速钮调到所需转速。正向转动操作手柄使钻头慢慢接触混凝土表面，待钻头刃部入槽稳定后方可加压。进钻到预定深度后，反向转动操作手柄，将钻头提升到接近混凝土表面，然后停电停水。

（4）钻芯时用于冷却钻头和排除混凝土料屑的冷却水流量宜为 3 ~ 5 L/min。

（5）钻取芯样时宜保持匀速钻进。

4. 芯样标记及保护

（1）从钻孔中取出的芯样在稍微晾干后，应标上清晰的标记。若所取芯样的高度及质量不能满足标准的要求时，则应重新钻取芯样。

（2）芯样应采取保护措施，在运送前应仔细包装，避免在运输和贮存中损坏。

（3）结构或构件钻芯后所留下的孔洞应及时进行修补，以保证其正常工作。

（4）钻芯操作应遵守国家有关安全生产和劳动保护的规定，并应遵守钻芯现场安全生产的有关规定。

（5）工作完毕后，应及时对钻芯机和芯样加工设备进行维修保养。

5. 芯样加工技术

（1）采用锯切机加工芯样试件时，应将芯样固定，并使锯切平面垂直于芯样轴线。锯切过程中应冷却人造金刚石圆锯片和芯样。

（2）抗压芯样试件的高径比（H/d）宜为 1。

（3）芯样含有钢筋要求：芯样试件内不应含有钢筋。如不能满足此项要求，抗压试件应符合要求：抗压芯样试件内不宜含有钢筋，也可有 1 根直径不大于 10 mm 的钢筋，且钢筋应与芯样试件的轴线垂直并离开端面 10 mm 以上。

6. 芯样端面处理

锯切后芯样的端面感观上比较平整，但一般不能符合抗压试件的要求，有关试验研究表明，锯切芯样的抗压强度比端面加工后芯样试件的抗压强度降低 10% ~30%。锯切后的芯样，应进行端面处理，可采取在磨平机上磨平端面的处理方法，也可用硫黄胶泥或环氧胶泥补平。补平层厚度不宜大于 2 mm。

7. 芯样测量

芯样在试验前应对其几何尺寸做下列测量：

（1）平均直径应用游标卡尺在芯样试件上部、中部和下部相互垂直的两个位置上共测量 6 次，取测量的算术平均值作为芯样试件的直径，精确至 0.5 mm。

（2）芯样试件的高度可用钢卷尺或钢板尺进行测量，精确至 1.0 mm。

（3）垂直度应用游标量角器测量芯样试件两个端面与母线的夹角，取最大值作为芯样试件的垂直度，精确至 0.1°。

（4）平整度可用钢板尺或角尺紧靠在芯样试件承压面（线）上，一面转动钢板尺，一面用塞尺测量钢板尺与芯样承压面（线）之间的缝隙，取最大缝隙为芯样试件的平整度。也可采用其他专用设备测量。

8. 芯样试件不宜进行试验的情况

芯样试件尺寸偏差及外观质量出现下列情况时，芯样试件不宜进行试验：

（1）抗压芯样试件的实际高径比（H/d）小于要求高径比的 0.95 或大于 1.05。

(2)抗压芯样试件端面与轴线的不垂直度超过 1°。

(3)抗压芯样试件端面的不平整度在每 100 mm 长度内超过 0.1 mm。

(4)延芯样试件高度的任一直径与平均直径相差超过 1.5 mm。

(5)芯样有较大缺陷。

(五)实验数据分析与处理

芯样试件宜在与被检测结构或构件混凝土干湿度基本一致的条件下进行抗压实验。如结构工作条件比较干燥,芯样在受压前应在室内自然干燥 3 d,以自然干燥状态进行实验。如结构工作条件比较潮湿,则芯样应在(20±5) ℃的清水中浸泡 40 ~ 48 h,从水中取出后进行实验。

芯样试件的混凝土强度换算值按下式计算:

$$f_{cu}^{c}=\alpha\frac{4F}{\pi d^{2}} \tag{5-16}$$

式中:f_{cu}^{c}——芯样试件混凝土强度换算值(MPa),精确至 0.1MPa;

F——芯样试件抗压试验测得的最大压力(N);

d——芯样试件平均直径(mm);

α——不同高径比的芯样试件混凝土换算强度的修正系数,按表 5-3 选用。

表 5-3　芯样试件混凝土换算强度的修正系数

高径比 H/d	1.0	1.1	1.2	1.3	1.4	1.5	1.6	1.7	1.8	1.9	2.0
系数 α	1.00	1.04	1.07	1.10	1.13	1.15	1.17	1.19	1.20	1.22	1.24

(六)注意事项

大量实验实践证明,直径 100 mm 或 150 mm、高径比 $H/d=1$ 的圆柱体芯样试件的抗压测试值,其与边长为 150 mm 的立方体试块强度基本上是一致的,因此可直接作为混凝土的强度换算值。

由于结构或构件在外力作用下,混凝土的破坏一般是首先出现在最薄弱的区域,因此钻芯法规程规定,对于单个构件或单个构件的局部区域,取芯样试件混凝土换算强度中的最小值 $f_{cu,min}^{c}$ 作为代表值推定结构的混凝土强度。

钻孔取芯后结构上留下的孔洞必须及时进行修补,一般情况下,修补后构件的承载能力仍可能低于未钻孔前的承载能力,所以,钻芯法不宜普遍使用,更不宜在一个受力区域内集中钻孔取芯。

五、超声法检测混凝土裂缝深度——单面平测法

(一)实验目的

1. 进一步熟悉超声波检测仪基本使用方法。

2. 熟悉和掌握单面平测法检测混凝土裂缝深度的技术规程。

(二)实验仪器设备及材料

1. 超声波检测仪;

2. 耦合剂;

3. 平面换能器。

(三)实验步骤

结构的裂缝部位只有一个可测表面,估计裂缝深度又不大于500 mm时,采用单面平测法。平测时应在裂缝的被测部位,以不同的测距,按跨缝和不跨缝布置测点(布置测点时应避开钢筋的影响)进行检测,其检测步骤为:

1. 不跨缝的声时测量

将T和R换能器置于裂缝附近同一侧,以两个换能器内边缘间距 l' 等于100 mm、150 mm、200 mm、250 mm、…,分别读取声时值 t_i,绘制“时-距”坐标图(图5-3)或用回归分析的方法求出声时与测距之间的回归直线方程: $l_i = a + bt_i$,每测点超声波实际传播距离 l' 为:

$$l_i = l' + |a| \tag{5-17}$$

式中:l_i——第 i 点的超声波实际传播距离(mm);

l'——第 i 点的R、T换能器内边缘间距(mm);

a——“时-距”坐标图中轴的截距或回归直线方程的常数项(mm)。

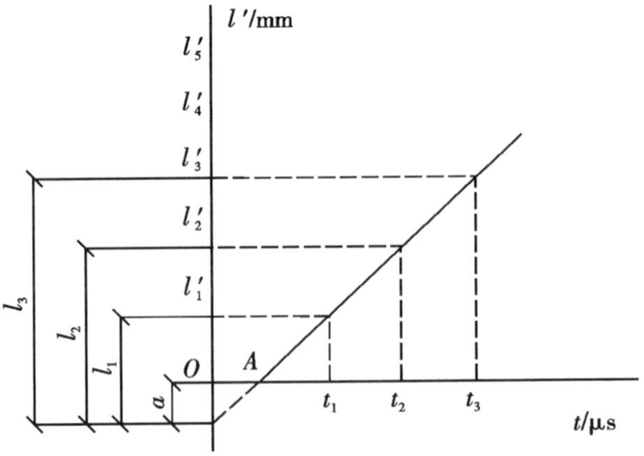

图5-3　平测“时-距”坐标图

不跨缝平测的混凝土声速值为：

$$v = (l'_n - l'_1)/(t_n - t_1) \tag{5-18}$$

式中：l'_n-l'_1——第 n 点和第 1 点的测距（mm）；

t_n，t_1——第 n 点和第 1 点读取的声时值（μs）。

2. 跨缝的声时测量

跨缝的声时测量，将 T、R 换能器分别置于关于裂缝对称的两侧，取 100 mm、150 mm、200 mm、…，分别读取声时值 t_i^0，同时观察首波相位的变化。绕过裂缝示意图如图 5-4 所示。

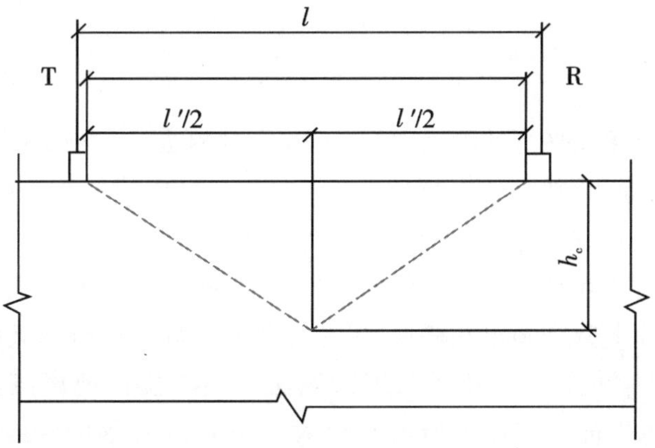

图 5-4　绕过裂缝示意图

（四）实验数据分析与处理

平测法检测，裂缝深度按下式计算：

$$h_{ci} = \frac{l_i}{2}\sqrt{(t_i^0 v/l_i)^2 - 1} \tag{5-19}$$

$$m_{h_c} = \frac{1}{n}\sum_{i=1}^{n} h_{ci} \tag{5-20}$$

式中：l_i——不跨缝平测时第 i 点的超声波实际传播距离（mm）；

h_{ci}——第 i 点计算的裂缝深度值（mm）；

t_i^0——第 i 点跨缝平测的声时值（μs）；

m_{h_c}——各测点计算裂缝深度的平均值（mm）；

v——不跨缝平测的混凝土声速（m/s）；

n——测点数。

六、超声法检测混凝土不密实区和空洞

超声法检测混凝土缺陷实验

(一)实验目的

熟悉和掌握检测混凝土不密实区和空洞检测的技术规程。

(二)实验仪器设备及材料

1. 超声波检测仪;
2. 耦合剂;
3. 平面换能器。

(三)实验步骤

1. 构件具有两对相互平行的测试面时,可采用对测法。在测试部位两对相互平行的测试面上,分别画出等间距的网格(网格间距:工业与民用建筑为 100 ~ 300 mm,其他大型结构物可适当放宽),并编号确定对应的测点位置。

2. 构件只有一对相互平行的测试面时,可采用对测和斜测相结合的方法。在测位两个相互平行的测试面上分别画出网格线,可在对测的基础上进行交叉斜测。

3. 当测距较大时,可采用钻孔或预埋管测法。在测位预埋声测管或钻出竖向测试孔,预埋管内径或钻孔直径宜比换能器直径大 5 ~ 10 mm,预埋管或钻孔间距宜为 2 ~ 3 m,其深度可根据测试需要确定。检测时可用两个径向振动式换能器分别置于两测孔中进行测试,或用一个径向振动式与一个厚度振动式换能器,分别置于测孔中和平行于测孔的侧面进行测试。

4. 每一个测点的声时、波幅、主频和测距,按规定进行测量。

(四)实验数据分析与处理

1. 测位混凝土声学参数的平均值标准差计算

测位混凝土声学参数的平均值和标准差按下式计算:

$$m_x = \sum \frac{X_i}{n} \tag{5-21}$$

$$s_x = \sqrt{\sum (X_i^2 - n \cdot m_x^2)/(n-1)} \tag{5-22}$$

式中:X_i ——第 i 点的声学参数测量值;

n——参与统计的测点数。

2. 异常数据判别方法

(1)将测位各测点的波幅、声速或主频值由大至小按顺序分别排列,即 $X_1 \geqslant X_2 \geqslant \cdots \geqslant X_n \geqslant X_{n+1} \cdots$ 将排在后面明显小的数据视为可疑,再将这些可疑数据中最大的一个(假定 X_n)连同其前面的数据按规程规定计算出 m_x 及 s_x 值,并按下式计算异常情况的判断值 X_0:

$$X_0 = m_x - \lambda_1 \cdot s_x \tag{5-23}$$

式中：λ_1 按有关规定取值。

将判断值 X_0 与可疑数据的最大值 X_n 相比较，当 X_n 不大于 X_0 时，则 X_n 及排列于其后的各数据均为异常值，并且去掉 X_n，再用 $X_1 \sim X_{n-1}$ 进行计算和判别，直至判不出异常值为止；当 X_n 大于 X_0 时，应再将 X_{n+1} 放进去重新进行计算和判别。

（2）当测位中判出异常测点时，可根据异常测点的分布情况，按下式进一步判别其相邻测点是否异常：

$$X_0 = m_x - \lambda_2 \cdot s_x \tag{5-24}$$

$$X_0 = m_x - \lambda_3 \cdot s_x \tag{5-25}$$

式中：λ_2、λ_3 按规定取值。当测点布置为网格状时取 λ_2，当单排布置测点时（如在声测孔中检测）取 λ_3。

注：若保证不了耦合条件的一致性，则波幅值不能作为统计法的判据。

七、钢筋位置及保护层厚度的检测

钢筋位置及保护层厚度的检测

（一）实验目的

1. 了解钢筋位置测定仪基本使用方法。

2. 熟悉和掌握钢筋间距和保护层厚度检测的技术规程。

（二）实验仪器设备

钢筋位置测定仪。

（三）实验步骤

1. 检测前，应对钢筋探测仪进行预热和调零，调零时探头应远离金属物体。在检测过程中，应核查钢筋探测仪的零点状态。预热可以使钢筋探测仪达到稳定的工作状态。

2. 对于电子仪器，使用中难免受到各种干扰导致读数漂移，为保证钢筋探测仪读数的准确，应时常检查钢筋探测仪是否偏离调零时的零点状态。

3. 钢筋位置确定：

（1）检测前，应根据设计图纸或者结构知识，了解所检测结构及构件中可能的钢筋品种、排列方式，比如框架梁一般有纵筋、箍筋，然后用钢筋探头在构件上预先扫描检测，了解其大概位置，以便在进一步的检测中尽可能避开钢筋间的相互干扰。

（2）在尽可能避开钢筋间的相互干扰并大致了解所检钢筋分布状况的前提下，即可根据钢筋探测仪显示的最小保护层厚度检测值来判断钢筋轴线，此时探头中心线与钢筋轴线应重合，在相应位置作好标记。

（3）按上述步骤将相邻的其他钢筋位置逐一标出。

4. 混凝土保护层厚度检测：

（1）首先设定钢筋探测仪量程范围及钢筋公称直径，沿被测钢筋轴线选择相邻钢筋影响较小的位置，并应避开钢筋接头和绑丝，读取第 1 次检测的混凝土保护层厚度检测值。

(2)在被测钢筋的同一位置应重复检测 1 次，读取第 2 次检测的混凝土保护层厚度检测值。

(3)当同一处读取的 2 个混凝土保护层厚度检测值相差大于 1 mm 时，该组检测数据应无效，并查明原因，在该处应重新进行检测。仍不满足要求时，应更换钢筋探测仪或采用钻孔、剔凿的方法验证。

(4)当实际混凝土保护层厚度小于钢筋探测仪最小示值时，应采用在探头下附加垫块的方法进行检测。垫块对钢筋探测仪检测结果不应产生干扰，表面应光滑平整，其各方向厚度值偏差不应大于 0.1 mm。所加垫块厚度在计算时应予扣除。

注意：

1)大多数钢筋探测仪要求钢筋公称直径已知方能准确检测混凝土保护层厚度，此时钢筋探测仪必须按照钢筋公称直径对应进行设置。

2)当两次检测的误差超过允许值时，应检查零点是否出现漂移并采取相应的措施。

5. 钢筋间距检测：

(1)检测前，宜结合设计资料了解钢筋布置状况。检测时，应避开钢筋接头和绑丝，钢筋间距应满足钢筋探测仪的检测要求。探头在检测面上移动，直到钢筋探测仪保护层厚度示值最小，此时探头中心线与钢筋轴线应重合，在相应位置作好标记。按上述步骤将相邻的其他钢筋位置逐一标出。

(2)将检测范围内的设计间距相同的连续相邻钢筋逐一标出，并应逐个量测钢筋的间距。

(四)实验数据分析与处理

1. 保护层厚度计算

钢筋的混凝土保护层厚度平均检测值，按下式计算：

$$c_{m,i}^{t} = (c_1^{t} + c_2^{t} + 2c_c - 2c_0)/2 \tag{5-26}$$

式中：$c_{m,i}^{t}$ ——第 i 测点混凝土保护层厚度平均检测值，精确至 1 mm；

c_1^{t} 、c_2^{t} ——第 1、2 次检测的混凝土保护层厚度检测值，精确至 1 mm；

c_c ——混凝土保护层厚度修正值，为同一规格钢筋的混凝土保护层厚度实测验证值减去检测值，精确至 0.1 mm；

c_0 ——探头垫块厚度，精确至 0.1 mm；不加垫块时 $c_0=0$。

2. 钢筋间距计算

检测钢筋间距时，可根据实际需要采用绘图方式给出结果。当同一构件检测钢筋不少于 7 根钢筋(6 个间隔)时，也可给出被测钢筋的最大间距、最小间距，并按下式计算钢筋平均间距：

$$s_{m,i} = \frac{\sum_{i=1}^{n} s_i}{n} \tag{5-27}$$

式中：$s_{m,i}$ ——钢筋平均间距，精确至 1 mm；

s_i ——第 i 个钢筋间距，精确至 1 mm。

八、回弹法检测砌筑砖强度

（一）实验目的

熟悉和掌握回弹法检测砌筑砖抗压强度的技术规程，并能根据实验结果分析计算出砌筑砖的抗压强度。

（二）实验仪器设备

砌筑砖回弹仪。

（三）实验步骤

1. 在每块砖的测面上均匀布置 5 个弹击点。选定弹击点时应避开砖表面的缺陷，相邻两个弹击点的间距不应小于 20 mm，弹击点离砖边缘不应小于 20 mm，每一弹击点只能弹击一次，度数应精确至 1 个刻度，测试时，回弹仪应处于水平状态，其轴线应垂直于砖的测面。

2. 每个检测单元中应随机选择 10 个测区。每个测区的面积不应小于 1 m^2，在其中随机选择 10 块条面向外的砖作为 10 个测位供回弹测试。选择的砖与砖墙边缘的距离应大于 250 mm。

3. 记录下实验数据，处理实验结果，整理仪器。

（四）实验数据分析与处理

1. 单个构件的平均回弹值：

$$\overline{R_j}=\frac{\sum_{i=1}^{50}R_i}{50}\quad(i=1,2,3,\cdots,50)\tag{5-28}$$

式中：$\overline{R_j}$——第 j 个构件平均回弹值，精确至 0.1；

R_i ——第 i 个测点回弹值，精确至 0.1。

2. 单个构件的抗压强度换算值由每个构件的平均回弹值按表 5-4 进行换算。按批检测时需确定最低构件砖强度换算值。单个构件砖强度等级推定见表 5-5。

$$m_{f_1^c}=\frac{1}{10}\sum_{j=1}^{10}f_{1j}^c\tag{5-29}$$

$$s_{f_1^c}=\sqrt{\frac{\sum_{j=1}^{10}(m_{f_1^c}-f_{1j}^c)^2}{10-1}}\tag{5-30}$$

$$\delta=s_{f_1^c}/m_{f_1^c}\tag{5-31}$$

式中：$m_{f_1^c}$ ——同一检测单元砖抗压强度换算值的平均值，精确至 0.1 MPa；

f_{1j}^{c} ——第 j 个构件砖抗压强度换算值,精确至0.01 MPa;

$s_{f_1^c}$ ——同一检测单元砖抗压强度换算值的标准差,精确至0.01 MPa;

δ ——同一检测单元砖抗压强度换算值的变异系数,精确至0.01。

按批抽检,且变异系数 $\delta \leqslant 0.21$,同一检测单元砖强度标准值按下式计算。

$$f_{1k}^{c} = m_{f_1^c} - 1.8 s_{f_1^c} \tag{5-32}$$

式中:f_{1k}^{c} ——同一检测单元砖抗压强度标准值,精确至0.1 MPa;

$m_{f_1^c}$ ——同一检测单元砖抗压强度换算值的平均值,精确至0.1 MPa;

$s_{f_1^c}$ ——同一检测单元砖抗压强度换算值的标准差,精确至0.01 MPa。

表5-4　砌体中烧结普通黏土砖抗压强度换算表

构件砖回弹平均值 $\overline{R}_j$	构件砖强度换算值 f_{1j}^{c}/MPa	构件砖回弹平均值 $\overline{R}_j$	构件砖强度换算值 f_{1j}^{c}/MPa
34.0	6.24	43.5	14.49
34.5	6.56	44.0	15.07
35.0	6.89	44.5	15.66
35.5	7.23	45.0	16.27
36.0	7.59	45.5	16.90
36.5	7.96	46.0	17.54
37.0	8.33	46.5	18.20
37.5	8.73	47.0	18.88
38.0	9.13	47.5	19.57
38.5	9.55	48.0	20.29
39.0	9.98	48.5	21.02
39.5	10.42	49.0	21.17
40.0	10.88	49.5	22.54
40.5	11.35	50.0	23.33
41.0	11.84	50.5	24.13
41.5	12.34	51.0	24.96
42.0	12.85	51.5	25.80
42.5	13.38	52.0	26.67
43.0	13.93	—	—

表 5-5　单个构件砖强度等级推定

强度推定等级	MU20	MU15	MU10	MU7.5	MU5
构件砖抗压强度换算值 f_{1j}^{c} /MPa	$20.0 \leqslant f_{1j}^{c} < 25.0$	$15.0 \leqslant f_{1j}^{c} < 20.0$	$10.0 \leqslant f_{1j}^{c} < 15.0$	$7.5 \leqslant f_{1j}^{c} < 10.0$	$5.0 \leqslant f_{1j}^{c} < 7.5$

九、回弹法检测砌筑砂浆强度

(一)实验目的

熟悉和掌握回弹法检测砌筑砂浆抗压强度的技术规程,并能根据实验结果分析计算出砌筑砂浆的抗压强度。

(二)实验仪器设备

砂浆回弹仪。

(三)实验步骤

1. 测位(测点)选择

(1)测位是回弹法检测强度中的最小测量单位,相当于其他检测方法中的测点,类似于现标准《回弹法检测混凝土抗压强度技术规程》(JGJ/T 23—2011)的测区。

(2)测位宜选在承重墙的可测面上,并避开门窗洞口及预埋件等附近的墙体。

(3)墙面上每一个测位的墙面面积宜大于 0.3 m^2。墙面上的部分灰缝,由于缝较薄或不够饱满等原因,不适宜布置弹击点。

2. 测位要求

(1)粉刷层、勾缝砂浆、污物等应处理干净。

(2)弹击点处的砂浆表面,应仔细打磨平整,并除去浮灰。砌体灰缝被测处平整与否,对回弹值有较大的影响,要求用扁砂轮或其他工具进行仔细打磨平整。

(3)磨掉表面砂浆的深度为 5 ~ 10 mm,且不应小于 5 mm。

3. 测点布置

(1)每个测位内均匀布置 12 个弹击点。选定弹击点应避开砖的边缘、气孔或松动的砂浆。

(2)相邻两弹击点的间距不应小于 20 mm。

(3)在每个弹击点上,使用回弹仪连续弹击 3 次,第 1、2 次不读数,仅记读第 3 次回弹值,精确至 1 个刻度。

(4)测试过程中,回弹仪应始终处于水平状态,其轴线应垂直于砂浆表面,且不得移位。

4. 碳化深度测量

(1)在每一测位内，选择 1 ~ 3 处灰缝，并应采用工具在测区表面打凿出直径约 10 mm 的孔洞，其深度应大于砌筑砂浆的碳化深度，应清除孔洞中的粉末和碎屑，且不得用水擦洗。

(2)采用浓度为 1% ~2% 的酚酞–乙醇溶液滴在孔洞内壁边缘处，当已碳化与未碳化界限清晰时，测量界面到灰缝表面的垂直距离。

(3)用游标卡尺和 1% 的酚酞试剂测量砂浆碳化深度，读数应精确至 0.5 mm。

(四)实验数据分析与处理

1. 计算回弹平均值

从每个测位的 12 个回弹值中，分别剔除最大值、最小值，将余下的 10 个回弹值计算算术平均值，以 R 表示。

2. 计算碳化深度平均值

每个测位的平均碳化深度，应取该测位各次测量值的算术平均值，以 d 表示，精确至 0.5 mm。平均碳化深度大于 3.0 mm 时，取 3.0 mm。

3. 计算砂浆强度换算值

第 i 个测区第 j 个测位的砂浆强度换算值，应根据该测位的平均回弹值和平均碳化深度值，分别按下列公式计算：

(1) $d \leqslant 1.0$ mm 时：

$$f_{2ij} = 13.97 \times 10^{-5} R^{3.57} \tag{5-33}$$

(2) 1.0 mm< d <3.0 mm 时：

$$f_{2ij} = 4.85 \times 10^{-4} R^{3.04} \tag{5-34}$$

(3) $d \geqslant 3.0$ mm 时：

$$f_{2ij} = 6.34 \times 10^{-5} R^{3.60} \tag{5-35}$$

式中：f_{2ij} ——第 i 个测区第 j 个测位的砂浆强度值(MPa)；

d——第 i 个测区第 j 个测位的平均碳化深度(mm)；

R——第 i 个测区第 j 个测位的平均回弹值。

4. 砂浆抗压强度平均值

测区的砂浆抗压强度平均值，应按下式计算：

$$f_{2i} = \frac{1}{n_1} \sum_{j=1}^{n_1} f_{2ij} \tag{5-36}$$

5. 检测单元数据计算

每一检测单元的强度平均值、标准差和变异系数，按下列公式计算：

$$f_{2,\mathrm{m}} = \frac{1}{n_2} \sum_{i=1}^{n_2} f_{2i} \tag{5-37}$$

$$\delta = \frac{s}{f_{2,m}} \tag{5-38}$$

$$s = \sqrt{\frac{\sum_{i=1}^{n_2} (f_{2,m} - f_{2i})^2}{n_2 - 1}} \tag{5-39}$$

式中：$f_{2,m}$——同一检测单元的强度平均值(MPa)；

n_2——同一检测单元的测区数；

f_{2i}——测区的强度代表值(MPa)；

s——同一检测单元,按 n_2 个测区计算的强度标准差(MPa)；

δ——同一检测单元的强度变异系数。

6. 推定砌筑砂浆抗压强度

(1)在建或新建砌体工程砌筑砂浆抗压强度推定。

对在建或新建砌体工程,当需推定砌筑砂浆抗压强度值时,可按下列公式计算:

1)当测区数 n_2 不小于 6 时,应取下列公式中的较小值:

$$f'_2 = 0.91 f_{2,m} \tag{5-40}$$

$$f'_2 = 1.18 f_{2,min} \tag{5-41}$$

式中：$f_{2,m}$——砌筑砂浆抗压强度推定值(MPa)；

$f_{2,min}$——同一检测单元,测区砂浆抗压强度的最小值(MPa)。

2)当测区数 n_2 小于 6 时,可按下式计算:

$$f'_2 = f_{2,min} \tag{5-42}$$

(2)既有砌体工程砌筑砂浆抗压强度推定。

对既有砌体工程,当需推定砌筑砂浆抗压强度值时,应符合下列要求:

1)按国家标准《砌体结构工程施工质量验收规范》(GB 50203—2011)及之前实施的砌体工程施工质量验收规范的有关规定修建时,应按下列公式计算:

当测区数 n_2 不小于 6 时,应取下列公式中的较小值:

$$f'_2 = f_{2,m} \tag{5-43}$$

$$f'_2 = 1.33 f_{2,min} \tag{5-44}$$

当测区数 n_2 小于 6 时,可按下式计算:

$$f'_2 = f_{2,min} \tag{5-45}$$

2)按《砌体结构工程施工质量验收规范》(GB 50203—2011)的有关规定修建时,可按以上在建或新建砌体工程的规定来推定砌筑砂浆强度值。

十、点荷法检测砌筑砂浆强度

(一)实验目的

熟悉和掌握点荷法检测砌筑砂浆抗压强度的技术规程,并能根据实验结果分析计算出砌筑砂浆的抗压强度。

（二）实验仪器设备及要求

1. 测试设备应采用额定压力较小的压力试验机，最小读数盘宜为 50 kN 以内。

2. 压力试验机的加荷附件，应符合下列要求：

（1）钢质加荷头应为内角为 60° 的圆锥体，锥底直径应为 40 mm，锥体高度应为 30 mm；锥体的头部应为半径为 5 mm 的截球体，锥球高度应为 3 mm，其他尺寸可自定，加荷头应为 2 个。

（2）加荷头与试验机的连接方法，可根据试验机的具体情况确定，宜将连接件与加荷头设计为一个整体附件。

（3）在符合上述要求的前提下，也可采用其他专用加荷附件或专用仪器。

（三）实验步骤

1. 制备试件

（1）剥离出砂浆薄片：

从砖砌体中取出砂浆薄片的方法，可采用手工方法，也可采用机械取样方法。如可用混凝土取芯机钻取带灰缝的芯样，用小锤敲击芯样，剥离出砂浆片。机械取样方法适用于砂浆强度较高的砖砌体，且备有钻机的单位。

（2）砂浆试件要求：

1）厚度为 5 ~ 12 mm。

2）预估荷载作用半径为 15 ~ 25 mm。

3）大面要平整，但其边缘可不要求非常规则。

砂浆薄片过厚或过薄，将增大测试值的离散性，最大厚度波动范围不应超过 5 ~ 20 mm，宜为 10 ~ 15 mm。现行国家标准《砌体结构工程施工质量验收规范》（GB 50203—2011）规定灰缝厚度为（10±2）mm，所以选取适宜厚度的砂浆薄片并不困难。作用半径即荷载作用点至试样破坏线边缘的最小距离，其波动范围宜取 15 ~ 25 mm。

（3）在砂浆试件上应画出作用点，并应量测其厚度，应精确至 0. 1 mm。

2. 安装上、下加荷头

在小吨位压力试验机上、下压板上应分别安装上、下加荷头，两个加荷头应对齐。实验过程中，应使上、下加荷头对准，两轴线重合并处于铅垂线方向；砂浆试样保持水平。否则，将增大测试误差。

3. 匀速施加荷载

将砂浆试件水平放置在下加荷头上时，上、下加荷头应对准预先画好的作用点，并应使上加荷头轻轻压紧试件；然后应缓慢匀速施加荷载至试件破坏。加荷速度宜控制试件在 1 min 左右破坏；记录荷载值，并应精确至 0. 1 kN。

4. 试件拼接

将破坏后的试件拼接成原样，测量荷载实际作用点中心到试件破坏线边缘的最短距离，即荷载作用半径，应精确至 0.1 mm。

（四）实验数据分析与处理

1. 砂浆试件的抗压强度换算值计算

砂浆试件的抗压强度换算值，按下列公式计算：

$$f_{2ij} = (33.3\xi_{4ij}\xi_{5ij}N_{ij} - 1.10)^{1.09} \tag{5-46}$$

$$\xi_{4ij} = \frac{1}{0.05r_{ij} + 1} \tag{5-47}$$

$$\xi_{5ij} = \frac{1}{0.03t_{ij}(0.10t_{ij} + 1) + 0.40} \tag{5-48}$$

式中：N_{ij} ——点荷载值（kN）；

ξ_{4ij} ——荷载作用半径修正系数；

ξ_{5ij} ——试件厚度修正系数；

r_{ij} ——作用半径（mm）；

t_{ij} ——试件厚度（mm）。

2. 测区的砂浆抗压强度平均值计算

测区的砂浆抗压强度平均值按标准规定计算。

3. 检测单元数据计算

每一检测单元的强度平均值、标准差和变异系数，按下列公式计算：

$$f_{2,\mathrm{m}} = \frac{1}{n_2}\sum_{i=1}^{n_2} f_{2i} \tag{5-49}$$

$$\delta = \frac{s}{f_{2,\mathrm{m}}} \tag{5-50}$$

$$s = \sqrt{\frac{\sum_{i=1}^{n_2}(f_{2,\mathrm{m}} - f_{2i})^2}{n_2 - 1}} \tag{5-51}$$

式中：$f_{2,\mathrm{m}}$ ——同一检测单元的强度平均值（MPa）；

n_2 ——同一检测单元的测区数；

f_{2i} ——测区的强度代表值（MPa）；

s——同一检测单元，按 n_2 个测区计算的强度标准差（MPa）；

δ ——同一检测单元的强度变异系数。

4. 推定砌筑砂浆抗压强度

（1）在建或新建砌体工程砌筑砂浆抗压强度推定。

对在建或新建砌体工程，当需推定砌筑砂浆抗压强度值时，可按下列公式计算：

1）当测区数 n_2 不小于 6 时，应取下列公式中的较小值：

$$f'_2 = 0.91f_{2,\mathrm{m}} \tag{5-52}$$

$$f'_2 = 1.18f_{2,\mathrm{min}} \tag{5-53}$$

式中：$f_{2,m}$——砌筑砂浆抗压强度推定值（MPa）；

$f_{2,min}$——同一检测单元，测区砂浆抗压强度的最小值（MPa）。

2）当测区数 n_2 小于6时，可按下式计算：

$$f_2' = f_{2,min} \tag{5-54}$$

（2）既有砌体工程砌筑砂浆抗压强度推定。

对既有砌体工程，当需推定砌筑砂浆抗压强度值时，应符合下列要求：

1）按国家标准《砌体工程施工质量验收规范》（GB 50203—2011）及之前实施的砌体工程施工质量验收规范的有关规定修建时，应按下列公式计算：

当测区数 n_2 不小于6时，应取下列公式中的较小值：

$$f_2' = f_{2,m} \tag{5-55}$$

$$f_2' = 1.33f_{2,min} \tag{5-56}$$

当测区数 n_2 小于6时，可按下式计算：

$$f_2' = f_{2,min} \tag{5-57}$$

2）按《砌体结构工程施工质量验收规范》（GB 50203—2011）的有关规定修建时，可按以上在建或新建砌体工程的规定来推定砌筑砂浆强度值。

十一、贯入法检测砌筑砂浆强度

（一）实验目的

熟悉和掌握贯入法检测砌筑砂浆抗压强度的技术规程，并能根据实验结果分析计算出砌筑砂浆的抗压强度。

（二）实验仪器设备

1. 贯入式砂浆强度检测仪；
2. 贯入式深度测量表。

（三）实验步骤

1. 构件划分与取样原则

（1）构件划分：

检测砌筑砂浆抗压强度时，应以面积不大于25 m^2 的砌体构件或构筑物为一个构件。

（2）取样原则：

1）按批抽样检测的，应取龄期相近的同楼层、同品种、同强度等级砌筑砂浆且不大于250 m^3 砌体为一批，抽检数量不应少于砌体总构件数的30%，且不应少于6个构件。

2）基础砌体可按一个楼层计。

2. 测点布置

（1）被检测灰缝应饱满，其厚度不应小于7 mm，并应避开竖缝位置、门窗洞口、后砌洞口和预埋件的边缘。当灰缝厚度小于7 mm时，扁头便有可能伸不进灰缝而导致无法检测。为了检测方便，一般应选用灰缝较厚的部位进行检测。

（2）多孔砖砌体和空斗墙砌体的水平灰缝深度应大于 30 mm。

（3）检测范围内的饰面层、粉刷层、勾缝砂浆、浮浆以及表面损伤层等，应清除干净；应使待测灰缝砂浆暴露并经打磨平整后再进行检测。否则将对贯入深度的测量带来误差，且主要是负误差。

（4）对于砂浆表面粉蚀，遭受高温、冻害、化学侵蚀、表面、火灾等的砂浆，可以将损伤层磨去后再进行检测。

（5）每一构件应测试 16 个点。

（6）测点应均匀分布在构件的水平灰缝上，相邻测点水平间距不宜小于 240 mm。

（7）每条灰缝测点不宜多于 2 点。

3. 检测

（1）将测钉插入贯入杆的测钉座中，测钉尖端朝外，固定好测钉。

（2）用摇柄旋紧螺母，直至挂钩挂上为止，然后将螺母退至贯入杆顶端。

（3）将贯入仪扁头对准灰缝中间，并垂直贴在被测砌体灰缝砂浆的表面，握住贯入仪把手，扳动扳机，将测钉贯入被测砂浆中。

（4）测量贯入深度。将测钉拔出，用吹风器将测孔中的粉尘吹干净；将贯入深度测量表扁头对准灰缝，同时将测头插入测孔中，并保持测量表垂直于被测砌体灰缝砂浆的表面，从表盘中直接读取测量表显示值并记录。直接读数不方便时，可用锁紧螺钉锁定测头，然后取下贯入深度测量表读数。

（四）实验数据分析与处理

1. 贯入深度计算

$$d_i = 20.00 - d_i' \tag{5-58}$$

式中：d_i ——第 i 个测点贯入深度值，精确至 0.01 mm；

d_i' ——第 i 个测点贯入深度测量表读数，精确至 0.01 mm。

当砌体的灰缝经打磨仍难以达到平整时，可在测点处标记，贯入检测前用贯入深度测量表测读测点处的砂浆表面不平整度读数 d_i^0，然后再在测点处进行贯入检测，读取 d_i'，则贯入深度应按下式计算：

$$d_i = d_i^0 - d_i' \tag{5-59}$$

式中：d_i ——第 i 个测点贯入深度值，精确至 0.01 mm；

d_i' ——第 i 个测点贯入深度测量表读数，精确至 0.01 mm；

d_i^0 ——第 i 个测点贯入深度测量表的不平整度读数，精确至 0.01 mm。

2. 贯入深度平均值计算

检测数值中，将 16 个贯入深度值中的 3 个较大值和 3 个较小值剔除，余下的 10 个贯入深度值可按下式取平均值：

$$m_{d_j} = \frac{1}{10}\sum_{i=1}^{n} d_i \tag{5-60}$$

式中：m_{d_j} ——第 j 个构件的砂浆贯入深度平均值，精确至 0.01 mm；

d_i ——第 i 个测点的贯入深度值，精确至 0.01 mm。

3. 确定砂浆抗压强度换算值

根据计算所得的构件贯入深度平均值 m_{d_j}，可按不同的砂浆品种由《贯入法检测砌筑砂浆抗压强度技术规程》(JGJ/T 136—2017)查得其砂浆抗压强度换算值 f_{2j}^c。

砂浆抗压强度换算表是在大量实验的基础上，通过对实验结果进行回归分析建立的测强曲线，根据测强曲线计算砂浆抗压强度换算值，测强曲线的回归结果见表 5-6。

表 5-6　测强曲线的回归结果

砂浆品种	测强曲线	相关系数	平均相对误差/%	相对标准差/%
水泥混合砂浆	$f_{2j}^c = 159.2906\, m_{d_j}^{-2.1801}$	-0.97	17.0	21.7
水泥砂浆	$f_{2j}^c = 181.0213\, m_{d_j}^{-2.1730}$	-0.97	19.9	24.9

4. 检测误差验证

采用《贯入法检测砌筑砂浆抗压强度技术规程》(JGJ/T 136—2017)的砂浆抗压强度换算表时，应首先进行检测误差验证实验，实验方法可按规定进行，实验数量和范围应按检测的对象确定，其检测误差应满足规定要求，否则应按规定的要求建立专用测强曲线。

5. 批量检测计算

按批抽检时，同批构件砂浆应按下列公式计算其平均值和变异系数：

$$m_{f_2^c} = \frac{1}{n}\sum_{j=1}^{n} f_{2,j}^c \tag{5-61}$$

$$s_{f_2^c} = \sqrt{\frac{\sum_{j=1}^{n}(m_{f_2^c} - f_{2,j}^c)^2}{n-1}} \tag{5-62}$$

$$\delta_{f_2^c} = \frac{s_{f_2^c}}{m_{f_2^c}} \tag{5-63}$$

式中：$m_{f_2^c}$ ——同批构件砂浆抗压强度换算值的平均值，精确至 0.1 MPa；

$f_{2,j}^c$ ——第 j 个构件的砂浆抗压强度换算值，精确至 0.1 MPa；

$s_{f_2^c}$ ——同批构件砂浆抗压强度换算值的标准差，精确至 0.1 MPa；

$\delta_{f_2^c}$ ——同批构件砂浆抗压强度换算值的变异系数，精确至 0.1。

6. 砌筑砂浆抗压强度推定值确定

砌筑砂浆抗压强度推定值相当于被测构件在该龄期下的同条件养护试块所对应的砂浆强度等级。

(1) 单个构件砌筑砂浆抗压强度推定值。

当按单个构件检测时，该构件的砌筑砂浆抗压强度推定值应按下式计算：

$$f_{2,e}^{c}=f_{2j}^{c} \tag{5-64}$$

式中：$f_{2,e}^{c}$——砂浆抗压强度推定值，精确至0.1 MPa；

f_{2j}^{c}——第j个构件的砂浆抗压强度换算值，精确至0.1 MPa。

(2)按批抽检砌筑砂浆抗压强度推定值。

按批抽检时，应按下列公式计算：

$$f_{2,e1}^{c}=m_{f_2^c} \tag{5-65}$$

$$f_{2,e2}^{c}=\frac{f_{2,\min}^{c}}{0.75} \tag{5-66}$$

式中：$f_{2,e1}^{c}$——砂浆抗压强度推定值之一，精确至0.1 MPa；

$f_{2,e2}^{c}$——砂浆抗压强度推定值之二，精确至0.1 MPa；

$m_{f_2^c}$——同批构件砂浆抗压强度换算值的平均值，精确至0.1 MPa；

$f_{2,\min}^{c}$——同批构件中砂浆抗压强度换算值的最小值，精确至0.1 MPa。

实验结果：该批构件的砌筑砂浆抗压强度推定值应取公式中的较小值。

(3)变异系数较大时的处理。

1)对于按批抽检的砌体，当该批构件砌筑砂浆抗压强度换算值变异系数不小于0.3时，则该批构件应全部按单个构件检测。

2)同批砌筑砂浆的抗压强度换算值的变异系数不小于0.3时，按照《砌筑砂浆配合比设计规程》(JGJ/T 98—2010)规定，变异系数超过0.3时，已属较差施工水平，可以认为他们已不属于同一母体，不能构成为同批砂浆，应按单个构件检测。

十二、钢筋锚固性能检测

(一)实验目的

熟悉和掌握使用钢筋拉拔仪检测钢筋锚固性能的技术规程。

(二)实验仪器设备

钢筋拉拔仪。

(三)实验步骤

使用拉拔仪固定在结构植筋上，缓慢加载，直至仪器上荷载的读数不再增加为止。

一般植筋72 h后，可采用钢筋拉拔仪对所植钢筋进行拉拔实验。为减少千斤顶对锚筋附近混凝土的约束，下用槽钢或支架架空。然后匀速加载2～3 min(或采用分级加载)，直至破坏。破坏模式分为钢筋破坏(钢筋拉断)、胶筋截面破坏(钢筋沿结构胶、钢筋界面拔出)、混合破坏(上部混凝土锥体破坏，下部沿结构胶、混凝土界面拔出)3种，结构构件植筋，破坏模式宜控制为钢筋拉断。

(四)实验数据分析与处理

当做非破坏性检验时，最大加载值可取为

$$N = 0.95A_s f_y \tag{5-67}$$

将钢筋拉拔仪以匀速加载至设定荷载或锚固破坏，总加荷时间为 2 ~ 3 min，如果没有发生破坏判定钢筋的锚固性能为合格。

十三、地铁管片抗弯性能实验

（一）实验目的

熟悉和掌握地铁管片抗弯性能实验的技术规程。

（二）实验仪器设备

1. 试验反力架；
2. 管片荷载多点位移测试仪；
3. 荷载测试仪；
4. 读数显微镜；
5. 百分表；
6. 电子秒表；
7. 加压千斤顶。

抗弯性能检验装置示意如图 5-5 所示。

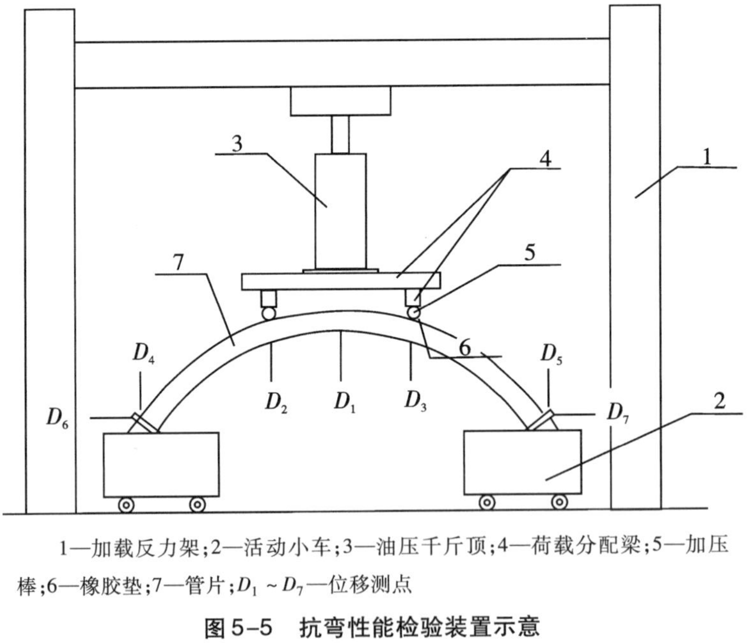

1—加载反力架；2—活动小车；3—油压千斤顶；4—荷载分配梁；5—加压棒；6—橡胶垫；7—管片；$D_1 \sim D_7$—位移测点

图 5-5　抗弯性能检验装置示意

（三）实验步骤

1. 将管片平稳安放在试验架上，在加载点上垫上厚度不小于 20 mm 的橡胶垫。

2. 采用千斤顶分配梁系统加荷，加荷点标距900 mm或设计确定。加压棒的长度应能覆盖管片全宽度，支承管片两端的小车可沿地面轨道滚动。

3. 管片抗弯性能检验采用分级加载方式：先按设计荷载的20%级差加荷至设计荷载的80%，再按设计荷载的10%级差加荷至设计荷载的90%，继续按设计荷载的5%级差加荷至设计荷载，每级保持加荷荷载时间5 min，加荷至设计荷载值时应持荷30 min。

4. 加荷过程中每一级持荷结束后均应记录每级荷载值下的中心点和加荷点及水平位置等各测点位移，记录裂缝开展情况和最大裂缝宽度。加荷至设计荷载持荷结束后可以卸载，终止检验。如需继续检验，则按设计荷载的5%级差加荷，每级保持加荷荷载时间5 min，直至破坏。

（四）实验数据分析与处理

1. 裂缝荷载

裂缝宽度为0.20 mm时的荷载值。

2. 破坏荷载

当加荷至测试仪显示数据不再上升时，以次级荷载值为最终破坏荷载，并记录最大裂缝宽度。

3. 实验记录及位移变量计算

（1）记录每一级加荷后的位移变量，并按下列计算：

$$W_1 = D_1 - (D_4 + D_5)/2 \tag{5-68}$$

$$W_2 = (D_2 + D_3)/2 - (D_4 + D_5)/2 \tag{5-69}$$

$$W_3 = (D_6 + D_7)/2 \tag{5-70}$$

式中：W_1——中心点竖向计算位移(mm)；

W_2——载荷点竖向计算位移(mm)；

W_3——水平点计算位移(mm)；

D_1——中心点测量位移(mm)；

D_2、D_3——载荷点竖向测量位移(mm)；

D_4、D_5——端部中点竖向测量位移(mm)；

D_6、D_7——端部中点水平测量位移(mm)。

（2）根据位移变量绘制各中心点、荷载点、水平点变量与荷载的关系曲线图；

（3）记录在不同荷载情况下裂缝出现的位置和裂缝宽度。

（五）注意事项

当出现下列情况之一时，检验失效，应重新检验，并应以重新检验结果为准：

（1）位移变量曲线出现异常突变；

（2）管片在加载点处出现局部破坏。

十四、地铁管片抗渗性能实验

(一)实验目的

熟悉和掌握地铁管片抗渗性能实验的技术规程。

(二)实验仪器设备

1. 检漏试验架;
2. 压力表;
3. 电子秒表;
4. 加压泵。

抗渗检验装置示意如图5-6所示。

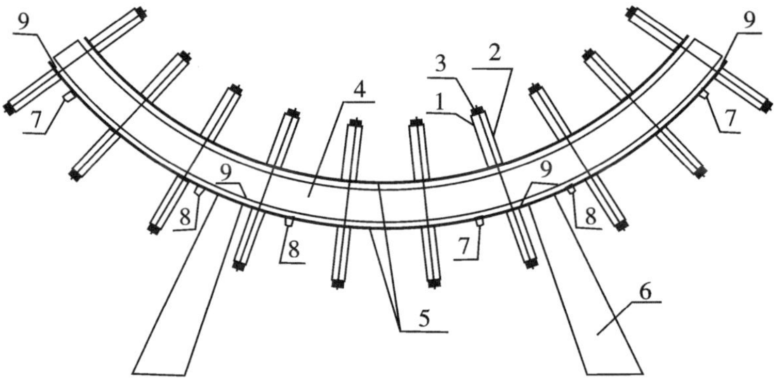

1—横压件;2—紧固螺杆;3—螺母;4—管片;5—检验架钢板;6—刚性支座;7—泄压排水孔;8—加压进水孔;9—橡胶密封垫

图5-6 抗渗检验装置示意

(三)实验步骤

1. 将管片平稳安放在试验架上,检查密封橡胶垫是否紧贴在管片外弧面上,密封橡胶垫距管片边缘的距离为50 mm。

2. 为防止紧固横杆时损坏管片,试验时在管片内弧面轴线上垫上三条橡胶条,中间一条,边沿各一条。

3. 在管片内弧面宽度方向压上紧固横杆,用螺栓与下支承座上的紧固横杆连接,从中间开始向两边收紧。

4. 打开放气阀门,然后接通进水阀,注入自来水,当排气孔中排出水后,关闭排气阀,启动加压泵,按0.05 MPa/min的加压速度,加压到0.2 MPa,恒压10 min,检查管片是否有渗漏水现象,观察侧面渗透高度,做好记录。

5. 继续加压到0.4 MPa、0.6 MPa、…,每级恒压10 min,直至加压到设计抗渗压力,恒压 2 h，检查管片是否有渗漏水现象，观察侧面渗透高度，做好记录。

抗渗检验示意如图 5-7 所示。

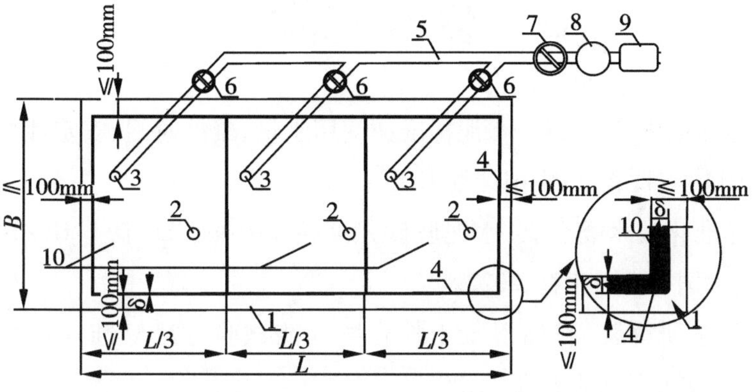

1—管片；2—泄压排水孔；3—加压进水孔；4—橡胶密封垫；5—进水管；6—阀门；7—总阀门；8—压力表；9—加压水泵；10—检验区域；δ—橡胶密封垫的宽度；L—管片跨度；B—管片宽度

图 5-7　抗渗检验示意

（四）实验结果评定

在设计抗渗试验压力的条件下，恒压 2 h，不得出现漏水现象，渗水深度不超过 50 mm。

参考文献

[1]全国水泥标准化技术委员会.水泥标准稠度用水量、凝结时间、安定性检验方法:GB/T 1346—2011 [S].北京:中国计划出版社,2011.

[2]全国水泥标准化技术委员会.水泥胶砂强度检验方法(ISO 法):GB/T 17671—2021 [S].北京:中国标准出版社,2022.

[3]中国建筑科学研究院.普通混凝土拌合物性能试验方法标准:GB/T 50080—2016 [S].北京:中国建筑工业出版社,2017.

[4]电力行业水电施工标准化技术委员会.水工混凝土砂石骨料试验规程:DL/T 5151—2014 [S].北京:中国电力出版社,2014.

[5]交通运输部公路科学研究院.公路工程沥青及沥青混合料试验规程:JTG E20—2011 [S].北京:人民交通出版社,2011.

[6]交通部公路科学研究院.公路工程集料试验规程:JTG E42—2005 [S].北京:人民交通出版社,2005.

[7]杨帆,郭丹.工程力学实验指导[M].北京:北京理工大学出版社,2020.

[8]耿小亮.工程力学实验[M].西安:西北工业大学出版社,2021.

[9]刘鸿文,吕荣坤.材料力学实验[M].北京:高等教育出版社,2006.

[10]贾有权.材料力学实验[M].北京:高等教育出版社,2007.

[11]中国有色金属工业西安勘察设计院有限公司.工程测量标准:GB 50026—2020[S].北京:中国计划出版社,2020.

[12]潘正风,程效军,成枢,等.数字地形测量学习题和实验[M].武汉:武汉大学出版社,2017.

[13]赵夫来,杨玉海,龚有亮.现代测量学实习指导[M].北京:测绘出版社,2016.

[14]李楠,于淑清,张旭光.工程测量任务指导书[M].西安:西北工业大学出版社,2012.

[15]吴新璇.混凝土无损检测技术手册[M].北京:人民交通出版社,2003.

[16]中国工程建设标准化协会混凝土结构专业委员会.钻芯法检测混凝土强度技术规程:CECS 03—2007 [S].北京:中国计划出版社,2007.

[17]中国工程建设标准化协会混凝土结构专业委员会.超声法检测混凝土缺陷技术规程:CECS 21—2000 [S].北京:中国计划出版社,2000.

[18]中国建筑科学研究院.混凝土结构工程施工质量验收规范:GB 50204—2015 [S].北京:中国建筑工业出版社,2015.

[19]中国建筑科学研究院.建筑基桩检测技术规范:JGJ 106—2014 [S].北京:中国建筑工业出版社,2014.

[20]水利部水利水电规划设计总院.土工试验方法标准:GB/T 50123—2019 [S].北京:中国计划出版社,2019.

附 录

附录 A 测区混凝土强度换算表

平均回弹值 R_m	测区混凝土强度换算值 $f^{c}_{cu,i}$ /MPa												
	平均碳化深度值 d_m/mm												
	0	0.5	1.0	1.5	2.0	2.5	3.0	3.5	4.0	4.5	5.0	5.5	≥6.0
20.0	10.3	10.1											
20.2	10.5	10.3	10.0										
20.4	10.7	10.5	10.2										
20.6	11.0	10.8	10.4	10.1									
20.8	11.2	11.0	10.6	10.3									
21.0	11.4	11.2	10.8	10.5	10.0								
21.2	11.6	11.4	11.0	10.7	10.2								
21.4	11.8	11.6	11.2	10.9	10.4	10.0							
21.6	12.0	11.8	11.4	11.0	10.6	10.2							
21.8	12.3	12.1	11.7	11.3	10.8	10.5	10.1						
22.0	12.5	12.2	11.9	11.5	11.0	10.6	10.2						
22.2	12.7	12.4	12.1	11.7	11.2	10.8	10.4	10.0					
22.4	13.0	12.7	12.4	12.0	11.4	11.0	10.7	10.3	10.0				
22.6	13.2	12.9	12.5	12.1	11.6	11.2	10.8	10.4	10.2				
22.8	13.4	13.1	12.7	12.3	11.8	11.4	11.0	11.6	10.3				
23.0	13.7	13.4	13.0	12.6	12.1	11.6	11.2	10.8	10.5	10.1			
23.2	13.9	13.6	13.2	12.8	12.2	11.8	11.4	11.0	10.7	10.6	10.0		
23.4	14.1	13.8	13.4	13.0	12.4	12.0	11.6	11.2	10.9	10.4	10.2		
23.6	14.4	14.1	13.7	13.2	12.7	12.2	11.8	11.4	11.1	10.7	10.4	10.1	
23.8	14.6	14.3	13.9	13.4	12.8	12.4	12.0	11.5	11.2	10.8	10.5	10.2	
24.0	14.9	14.6	14.2	13.7	13.1	12.7	12.2	11.8	11.5	11.0	10.7	10.4	10.1
24.2	15.1	14.8	14.3	13.9	13.3	12.8	12.4	11.9	11.6	11.2	10.9	10.6	10.3
24.4	15.4	15.1	14.6	14.2	13.6	13.1	12.6	12.2	11.9	11.4	11.1	10.8	10.4
24.6	15.6	15.3	14.8	14.4	13.7	13.3	12.8	12.3	12.0	11.5	11.2	10.9	10.6
24.8	15.9	15.6	15.1	14.6	14.0	13.5	13.0	12.6	12.2	11.8	11.4	11.1	10.7
25.0	16.2	15.9	15.4	14.9	14.3	13.8	13.3	12.8	12.5	12.0	11.7	11.3	10.9
25.2	16.4	16.1	15.6	15.1	14.4	13.9	13.4	13.0	12.6	12.1	11.8	11.5	11.0
25.4	16.7	16.4	15.9	15.4	14.7	14.2	13.7	13.2	12.9	12.4	12.0	11.7	11.2
25.6	16.9	16.6	16.1	15.7	14.9	14.4	13.9	13.4	13.0	12.5	12.2	11.8	11.3

续附录 A

平均回弹值 R_m	测区混凝土强度换算值 $f^{c}_{cu,i}$ /MPa												
	平均碳化深度值 d_m/mm												
	0	0.5	1.0	1.5	2.0	2.5	3.0	3.5	4.0	4.5	5.0	5.5	≥6.0
25.8	17.2	16.9	16.3	15.8	15.1	14.6	14.1	13.6	13.2	12.7	12.4	12.0	11.5
26.0	17.5	17.2	16.6	16.1	15.4	14.9	14.4	13.8	13.5	13.0	12.6	12.2	11.6
26.2	17.8	17.4	16.9	16.4	15.7	15.1	14.6	14.0	13.7	13.2	12.8	12.4	11.8
26.4	18.0	17.6	17.1	16.6	15.8	15.3	14.8	14.2	13.9	13.3	13.0	12.6	12.0
26.6	18.3	17.9	17.4	16.8	16.1	15.6	15.0	14.4	14.1	13.5	13.2	12.8	12.1
26.8	18.6	18.2	17.7	17.1	16.4	15.8	15.3	14.6	14.3	13.8	13.4	12.9	12.3
27.0	18.9	18.5	18.0	17.4	16.6	16.1	15.5	14.8	14.6	14.0	13.6	13.1	12.4
27.2	19.1	18.7	18.1	17.6	16.8	16.2	15.7	15.0	14.7	14.1	13.8	13.3	12.6
27.4	19.4	19.0	18.4	17.8	17.0	16.4	15.9	15.2	14.9	14.3	14.0	13.4	12.7
27.6	19.7	19.3	18.7	18.0	17.2	16.6	16.1	15.4	15.1	14.5	14.1	13.6	12.9
27.8	20.0	19.6	19.0	18.2	17.4	16.8	16.3	15.6	15.3	14.7	14.2	13.7	13.0
28.0	20.3	19.7	19.2	18.4	17.6	17.0	16.5	15.8	15.4	14.8	14.4	13.9	13.2
28.2	20.6	20.0	19.5	18.6	17.8	17.2	16.7	16.0	15.6	15.0	14.6	14.0	13.3
28.4	20.9	20.3	19.7	18.8	18.0	17.4	16.9	16.2	15.8	15.2	14.8	14.2	13.5
28.6	21.2	20.6	20.0	19.1	18.2	17.6	17.1	16.4	16.0	15.4	15.0	14.3	13.6
28.8	21.5	20.9	20.2	19.4	18.5	17.8	17.3	16.6	16.2	15.6	15.2	14.5	13.8
29.0	21.8	21.1	20.5	19.6	18.7	18.1	17.5	16.8	16.4	15.8	15.4	14.6	13.9
29.2	22.1	21.4	20.8	19.9	19.0	18.3	17.7	17.0	16.6	16.0	15.6	14.8	14.1
29.4	22.4	21.7	21.1	20.2	19.3	18.6	17.9	17.2	16.8	16.2	15.8	15.0	14.2
29.6	22.7	22.0	21.3	20.4	19.5	18.8	18.2	17.5	17.0	16.4	16.0	15.1	14.4
29.8	23.0	22.3	21.6	20.7	19.8	19.1	18.4	17.7	17.2	16.6	16.2	15.3	14.5
30.0	23.3	22.6	21.9	21.0	20.0	19.3	18.6	17.9	17.4	16.8	16.4	15.4	14.7
30.2	23.6	22.9	22.2	21.2	20.3	19.6	18.9	18.2	17.6	17.0	16.6	15.6	14.9
30.4	23.9	23.2	22.5	21.5	20.6	19.8	19.1	18.4	17.8	17.2	16.8	15.8	15.1
30.6	24.3	23.6	22.8	21.9	20.9	20.2	19.4	18.7	18.0	17.5	17.0	16.0	15.2
30.8	24.6	23.9	23.1	22.1	21.2	20.4	19.7	18.9	18.2	17.7	17.2	16.2	15.4
31.0	24.9	24.2	23.4	22.4	21.4	20.7	19.9	19.2	18.4	17.9	17.4	16.4	15.5
31.2	25.2	24.4	23.7	22.7	21.7	20.9	20.2	19.4	18.6	18.1	17.6	16.6	15.7
31.4	25.6	24.8	24.1	23.0	22.0	21.2	20.5	19.7	18.9	18.4	17.8	16.9	15.8

续附录 A

平均回弹值 R_m	测区混凝土强度换算值 $f^c_{cu,i}$ /MPa												
	平均碳化深度值 d_m/mm												
	0	0.5	1.0	1.5	2.0	2.5	3.0	3.5	4.0	4.5	5.0	5.5	≥6.0
31.6	25.9	25.1	24.3	23.3	22.3	21.5	20.7	19.9	19.2	18.6	18.0	17.1	16.0
31.8	26.2	25.4	24.6	23.6	22.5	21.7	21.0	20.2	19.4	18.9	18.2	17.3	16.2
32.0	26.5	25.7	24.9	23.9	22.8	22.0	21.2	20.4	19.6	19.1	18.4	17.5	16.4
32.2	26.9	26.1	25.3	24.2	23.1	22.3	21.5	20.7	19.9	19.4	18.6	17.7	16.6
32.4	27.2	26.4	25.6	24.5	23.4	22.6	21.8	20.9	20.1	19.6	18.8	17.9	16.8
32.6	27.6	26.8	25.9	24.8	23.7	22.9	22.1	20.4	21.3	20.4	19.9	18.1	17.0
32.8	27.9	27.1	26.2	25.1	24.0	23.2	22.3	21.5	20.6	20.1	19.2	18.3	17.2
33.0	28.2	27.4	26.5	25.4	24.3	23.4	22.6	21.7	20.9	20.3	19.4	18.5	17.4
33.2	28.6	27.7	26.8	25.7	24.6	23.7	22.9	22.0	21.2	20.5	19.6	18.7	17.6
33.4	28.9	28.0	27.1	26.0	24.9	24.0	23.1	22.3	21.4	20.7	19.8	18.9	17.8
33.6	29.3	28.4	27.4	26.4	25.2	24.2	23.3	22.6	21.7	20.9	20.0	19.1	18.0
33.8	29.6	28.7	27.7	26.6	25.4	24.4	23.5	22.8	21.9	21.1	20.2	19.3	18.2
34.0	30.0	29.1	28.0	26.8	25.6	24.6	23.7	23.0	22.1	21.3	20.4	19.5	18.3
34.2	30.3	29.4	28.3	27.0	25.8	24.8	23.9	23.2	22.3	21.5	20.6	19.7	18.4
34.4	30.7	29.8	28.6	27.2	26.0	25.0	24.1	23.4	22.5	21.7	20.8	19.8	18.6
34.6	31.1	30.2	28.9	27.4	26.2	25.2	24.3	23.6	22.7	21.9	21.0	20.0	18.8
34.8	31.4	30.5	29.2	27.6	26.4	25.4	24.5	23.8	22.9	22.1	21.2	20.2	19.0
35.0	31.8	30.8	29.6	28.0	26.7	25.8	24.8	24.0	23.2	22.3	21.4	20.4	19.2
35.2	32.1	31.1	29.9	28.2	27.0	26.0	25.0	24.2	23.4	22.5	21.6	20.6	19.4
35.4	32.5	31.5	30.2	28.6	27.3	26.3	25.4	24.4	23.7	22.8	21.8	20.8	19.6
35.6	32.9	30.9	30.6	29.0	27.6	26.6	25.7	24.7	24.0	23.0	22.0	21.0	19.8
35.8	33.3	32.3	31.0	29.3	28.0	27.0	26.0	25.0	24.3	23.3	22.2	21.2	20.0
36.0	33.6	32.6	31.2	29.6	28.2	27.2	26.2	25.2	24.5	23.5	22.4	21.4	20.2
36.2	34.0	33.0	31.6	29.9	28.6	27.5	26.5	25.5	24.8	23.8	22.6	21.6	20.4
36.4	34.4	33.4	32.0	30.3	28.9	27.9	26.8	25.8	25.1	24.1	22.8	21.8	20.6
36.6	34.8	33.8	32.4	30.6	29.2	28.2	27.1	26.1	25.4	24.4	23.0	22.0	20.9
36.8	35.2	34.1	32.7	31.0	29.6	28.5	27.5	26.4	25.7	24.6	23.2	22.2	21.1
37.0	35.5	34.4	33.0	31.2	29.8	28.8	27.7	26.6	25.9	24.8	23.4	22.4	21.3
37.2	35.9	34.8	33.4	31.6	30.2	29.1	28.0	26.9	26.2	25.1	23.7	22.6	21.5

续附录 A

平均回弹值 R_m	测区混凝土强度换算值 $f^c_{cu,i}$ /MPa												
	平均碳化深度值 d_m/mm												
	0	0.5	1.0	1.5	2.0	2.5	3.0	3.5	4.0	4.5	5.0	5.5	≥6.0
37.4	36.3	35.2	33.8	31.9	30.5	29.4	28.3	27.2	26.5	25.4	24.0	22.9	21.8
37.6	36.7	35.6	34.1	32.3	30.8	29.7	28.6	27.5	26.8	25.7	24.2	23.1	22.0
37.8	37.1	36.0	34.5	32.6	31.2	30.0	28.9	27.8	27.1	26.0	24.5	23.4	22.3
38.0	37.5	36.4	34.9	33.0	31.5	30.3	29.2	28.1	27.4	26.2	24.8	23.6	22.5
38.2	37.9	36.8	35.2	33.4	31.8	30.6	29.5	28.4	27.7	26.5	25.0	23.9	22.7
38.4	38.3	37.2	35.6	33.7	32.1	30.9	29.8	28.7	28.0	26.8	25.3	24.1	23.0
38.6	38.7	37.5	36.0	34.1	32.4	31.2	30.1	29.0	28.3	27.0	25.5	24.4	23.2
38.8	39.1	37.9	36.4	34.4	32.7	31.5	30.4	29.3	28.5	27.2	25.8	24.6	23.5
39.0	39.5	38.2	36.7	34.7	33.0	31.8	30.6	29.6	28.8	27.4	26.0	24.8	23.7
39.2	39.9	38.5	37.0	35.0	33.3	32.1	30.8	29.8	29.0	27.6	26.2	25.0	24.0
39.4	40.3	38.8	37.3	35.3	33.6	32.4	31.0	30.0	29.2	27.8	26.4	25.2	24.2
39.6	40.7	39.1	37.6	35.6	33.9	32.7	31.2	30.2	29.2	28.8	26.6	25.4	24.4
39.8	41.2	39.6	38.0	35.9	34.2	33.0	31.4	30.5	29.7	28.2	26.8	25.6	24.7
40.0	41.6	39.9	38.3	36.2	34.5	33.3	31.7	30.8	30.0	28.4	27.0	25.8	25.0
40.2	42.0	40.3	38.6	36.5	34.8	33.6	32.0	31.1	30.2	28.6	27.3	26.0	25.2
40.4	42.4	40.7	39.0	36.9	35.1	33.9	32.3	31.4	30.5	28.8	27.6	26.2	25.4
40.6	42.8	41.1	39.4	37.2	35.4	34.2	32.6	31.7	30.8	29.1	27.8	26.5	25.7
40.8	43.3	41.6	39.8	37.7	32.7	34.5	32.9	32.0	31.2	29.4	28.1	26.8	26.0
41.0	43.7	42.0	40.2	38.0	36.0	34.8	33.2	32.3	31.5	29.7	28.4	27.1	26.2
41.2	44.1	42.3	40.6	38.4	36.3	35.1	33.5	32.6	31.8	30.0	28.7	27.3	26.5
41.4	44.5	42.7	40.9	38.7	36.6	35.4	33.8	32.9	32.0	30.3	28.9	27.6	26.7
41.6	45.0	43.2	41.4	39.2	36.9	35.7	34.2	33.3	32.4	30.6	29.2	27.9	27.2
41.8	45.4	43.6	41.4	39.5	37.2	36.0	34.5	33.6	32.7	30.9	29.5	28.1	27.2
42.0	45.9	44.1	42.2	39.9	37.6	36.3	34.9	34.0	33.0	31.2	29.8	28.5	27.5
42.2	46.3	44.4	42.6	40.3	38.0	36.6	35.2	34.3	33.3	31.5	30.1	28.7	27.8
42.4	46.7	44.8	43.0	40.6	38.3	36.9	35.5	34.6	33.6	31.8	30.4	29.0	28.0
42.6	47.2	45.3	43.4	41.1	38.7	37.3	35.9	34.9	34.0	32.1	30.7	29.3	28.3
42.8	47.6	45.7	43.8	41.4	39.0	37.6	36.2	35.2	34.3	32.4	30.9	29.5	28.6
43.0	48.1	46.2	44.2	41.8	39.4	28.0	36.6	35.6	34.6	32.7	31.3	29.8	28.9

续附录 A

平均回弹值 R_m	测区混凝土强度换算值 $f^c_{cu,i}$ /MPa												
	平均碳化深度值 d_m/mm												
	0	0.5	1.0	1.5	2.0	2.5	3.0	3.5	4.0	4.5	5.0	5.5	≥6.0
43.2	48.5	46.6	44.6	42.2	39.8	38.3	36.9	35.9	34.9	33.0	31.5	30.1	29.1
43.4	49.0	47.0	45.1	42.6	40.2	38.7	37.2	36.3	35.3	33.3	31.8	30.4	29.4
43.6	49.4	47.4	45.4	43.0	40.5	39.0	37.5	36.6	35.6	33.6	32.1	30.6	29.6
43.8	49.9	47.9	45.9	43.4	40.9	39.4	37.9	36.9	35.9	33.9	32.4	30.9	29.9
44.0	50.4	48.4	46.4	43.8	41.3	39.8	38.3	37.3	36.3	34.3	32.8	31.2	30.2
44.2	50.8	48.8	46.7	44.2	41.7	40.1	38.6	37.6	36.6	34.5	33.0	31.5	30.5
44.4	51.3	49.2	47.2	44.6	42.1	40.5	39.0	38.0	36.9	34.9	33.3	31.8	30.8
44.6	51.7	49.6	47.6	45.0	42.4	40.8	39.3	38.3	37.2	35.2	33.6	32.1	31.0
44.8	52.2	50.1	48.0	45.4	42.8	41.2	39.7	38.6	37.6	35.5	33.9	32.4	31.3
45.0	52.7	50.6	58.5	45.8	43.2	41.6	40.1	39.0	37.9	35.8	34.4	32.7	31.6
45.2	53.2	51.1	48.9	46.3	43.6	42.0	40.4	39.4	38.3	36.2	34.6	33.0	31.9
45.4	53.6	51.5	49.4	46.6	44.0	42.3	40.7	39.7	38.6	36.4	34.8	33.2	32.2
45.6	54.1	51.9	49.8	47.1	44.4	42.7	41.1	40.0	39.0	36.8	35.2	33.5	32.5
45.8	54.6	52.4	50.2	47.5	44.8	43.1	41.5	40.4	39.3	37.1	35.5	33.9	32.8
46.0	55.0	52.8	50.6	47.9	45.2	43.5	41.9	40.8	39.7	37.5	35.8	34.2	33.1
46.2	55.5	53.3	51.1	48.3	45.5	43.8	42.2	41.1	40.0	37.7	36.1	34.4	33.3
46.4	56.0	53.8	51.5	48.7	45.9	44.2	42.6	41.4	40.3	38.1	36.4	34.7	33.6
46.6	56.5	54.2	52.0	49.2	46.3	44.6	42.9	41.8	40.7	38.4	36.7	35.0	33.9
46.8	57.0	54.5	52.4	49.6	46.7	45.0	43.3	42.2	41.0	38.8	37.0	35.3	34.2
47.0	57.5	55.2	52.9	50.0	47.2	45.2	43.7	42.6	41.4	39.1	37.4	35.6	34.5
47.2	58.0	55.7	53.4	50.5	47.6	45.8	44.1	42.9	41.8	39.4	37.7	36.0	34.8
47.4	58.5	56.2	53.8	50.9	48.0	46.2	44.5	43.3	42.1	39.8	38.0	36.3	35.1
47.6	59.0	56.6	54.3	51.3	48.4	46.6	44.8	43.7	42.5	40.1	38.4	36.6	35.4
47.8	59.5	57.1	54.7	51.8	48.8	47.0	45.2	44.0	42.8	40.5	38.7	36.9	35.7
48.0	60.0	57.6	55.2	52.2	49.2	47.4	45.6	44.4	43.2	40.8	39.0	37.2	36.0
48.2		58.0	55.7	52.6	49.6	47.8	46.0	44.8	43.6	41.1	39.3	37.5	36.3
48.4		58.6	56.1	53.1	50.0	48.2	46.4	45.1	43.9	41.5	39.6	37.8	36.6
48.6		59.0	56.6	53.5	50.4	48.6	46.7	45.5	44.3	41.8	40.0	38.1	36.9
48.8		59.5	57.1	54.0	50.9	49.0	47.1	45.9	44.6	42.2	40.3	38.4	37.2

续附录 A

平均回弹值 R_m	测区混凝土强度换算值 $f^c_{cu,i}$ /MPa												
	平均碳化深度值 d_m/mm												
	0	0.5	1.0	1.5	2.0	2.5	3.0	3.5	4.0	4.5	5.0	5.5	≥6.0
49.0		60.0	57.5	54.4	51.3	49.4	47.5	46.2	45.0	42.5	40.6	38.8	37.5
49.2			58.0	54.8	51.7	49.8	47.9	46.6	45.4	42.8	41.0	39.1	37.8
49.4			58.5	55.3	52.1	50.2	48.3	47.1	45.8	43.2	41.3	39.4	38.2
49.6			58.9	55.7	52.5	50.6	48.7	47.4	46.2	43.6	41.7	39.7	38.5
49.8			59.4	56.2	53.3	51.0	49.1	47.8	46.5	43.9	42.0	40.1	38.8
50.0			59.9	56.7	53.4	51.4	49.5	48.2	46.9	44.3	42.3	40.4	39.1
50.2				57.1	53.8	51.9	49.9	48.5	47.2	44.6	42.6	40.7	39.4
50.4				57.6	54.3	52.3	50.3	49.0	47.7	45.0	43.0	41.0	39.7
50.6				58.0	54.7	52.7	50.7	49.4	48.0	45.4	43.4	41.4	40.0
50.8				58.5	55.1	53.1	51.1	49.8	48.4	45.7	43.7	41.7	40.3
51.0				59.0	55.6	53.5	51.5	50.1	48.8	46.1	44.1	42.0	40.7
51.2				59.4	56.0	54.0	51.9	50.5	49.2	46.4	44.4	42.3	41.0
51.4				59.9	56.4	54.4	52.3	50.9	49.6	46.8	44.7	42.7	41.3
51.6					56.9	54.8	52.7	51.3	50.0	47.2	45.1	43.0	41.6
51.8					57.3	55.2	53.1	51.7	50.3	47.5	45.4	43.3	41.8
52.0					57.8	55.7	53.6	52.1	50.7	47.9	45.8	43.7	42.3
52.2					58.2	56.1	54.0	52.5	51.1	48.3	46.2	44.0	42.6
52.4					58.7	56.5	54.4	53.0	51.5	48.7	46.5	44.4	43.0
52.6					59.1	57.0	54.8	53.4	51.9	49.0	46.9	44.7	43.3
52.8					59.6	57.4	55.2	53.8	52.3	49.4	47.3	45.1	43.6
53.0					60.0	57.8	55.6	54.2	52.7	49.8	47.6	45.4	43.9
53.2						58.3	56.1	54.6	53.1	50.2	48.0	45.8	44.3
53.4						58.7	56.5	55.0	53.5	50.5	48.3	46.1	44.6
53.6						59.2	56.9	55.4	53.9	50.9	48.7	46.4	44.9
53.8						59.6	57.3	55.8	54.3	51.3	49.0	46.8	45.3
54.0							57.8	56.3	54.7	51.7	49.4	47.	45.6
54.2							58.2	56.7	55.1	52.1	49.8	47.5	46.0
54.4							58.6	57.1	55.6	52.5	50.2	47.9	46.3
54.6							59.1	57.5	56.0	52.9	50.5	48.2	46.6

续附录 A

平均回弹值 R_m	测区混凝土强度换算值 $f^c_{cu,i}$/MPa												
	平均碳化深度值 d_m/mm												
	0	0.5	1.0	1.5	2.0	2.5	3.0	3.5	4.0	4.5	5.0	5.5	≥6.0
54.8							59.5	57.9	56.4	53.2	50.9	58.5	47.0
55.0							59.9	58.4	56.8	53.6	51.3	48.9	47.3
55.2								58.8	57.2	54.0	51.6	49.3	47.7
55.4								59.2	57.6	54.4	52.0	49.6	48.0
55.6								59.7	58.0	54.8	52.4	50.0	48.4
55.8									58.5	55.2	52.8	50.3	48.7
56.0									58.9	55.6	53.2	50.7	49.1
56.2									59.3	56.0	53.5	51.1	49.4
56.4									59.7	56.4	53.9	51.4	49.8
56.6										56.8	54.3	51.8	50.1
56.8										57.2	54.7	52.2	50.5
57.0										57.6	55.1	52.5	50.8
57.2										58.0	55.5	52.9	51.2
57.4										58.4	55.9	53.3	51.6
57.6										58.9	56.3	53.7	51.9
57.8										59.3	56.7	54.0	52.3
58.0										59.7	57.0	54.4	52.7
58.2											57.4	54.8	53.0
58.4											57.8	55.2	53.4
58.6											58.2	55.6	53.8
58.8											58.6	55.9	54.1
59.0											59.0	56.3	54.5
59.2											59.4	56.7	54.9
59.4											59.8	57.1	55.2
59.9												57.5	55.6
59.8												57.9	56.0
60.0												58.3	56.4